EXAMPRESS®

Bronze Oracle Database
DBA 12c
練習問題編

株式会社システム・テクノロジー・アイ　林優子

本書内容に関するお問い合わせについて

本書に関するご質問、正誤表については、下記の Web サイトをご参照ください。

    ご質問　http://www.shoeisha.co.jp/book/qa/
    正誤表　http://www.shoeisha.co.jp/book/errata/

インターネットをご利用でない場合は、FAX または郵便で、下記にお問い合わせください。

    〒 160-0006　東京都新宿区舟町 5
    （株）翔泳社　愛読者サービスセンター
    FAX 番号：03-5362-3818

電話でのご質問は、お受けしておりません。

本書記載内容に関する制約について

本書は、「オラクル認定資格：ORACLE MASTER Bronze Oracle Database 12c」の対応
試験「Bronze DBA 12c (1Z0-065)」に対応した学習書です。「Bronze DBA 12c (1Z0-065)」
は、日本オラクル株式会社（以下、主催者）が運営する資格制度に基づく試験であり、一
般に「ベンダー資格試験」と呼ばれているものです。「ベンダー資格試験」には、下記の
ような特徴があります。

    ① 出題範囲および出題傾向は主催者によって予告なく変更される場合がある。
    ② 試験問題は原則、非公開である。

本書の内容は、その作成に携わった著者をはじめとするすべての関係者の協力（実際の受
験を通じた各種情報収集 / 分析など）により、可能な限り実際の試験内容に則すよう努め
ていますが、上記①・②の制約上、その内容が試験の出題範囲および試験の出題傾向を常
時正確に反映していることを保証するものではありませんので、あらかじめご了承ください。

※ 著者および出版社は、本書の使用によるオラクル認定資格試験の合格を保証するものではありません。

※ 本書の出版にあたっては正確な記述に努めましたが、著者および出版社のいずれも、本書の内容に対してなんらか
の保証をするものではなく、内容やサンプルに基づくいかなる運用結果に関してもいっさいの責任を負いません。

※ Oracle と Java は、Oracle Corporation 及びその子会社、関連会社の米国及びその他の国における登録商標です。
文中の社名、商品名等は各社の商標または登録商標である場合があります。

※ 本書に記載された URL 等は予告なく変更される場合があります。

※ 本書に掲載されている画面イメージなどは、特定の設定に基づいた環境にて再現される一例です。

※ 本書に記載されている会社名、製品名はそれぞれ各社の商標および登録商標です。

※ 本書では ™、©、® は割愛させていただいております。

本編の内容

この「練習問題編」には、「Bronze DBA 12c」試験の練習問題が分野別に計217問収められています。

各章の冒頭に、「本章の出題頻度」を「☆」「☆☆」「☆☆☆」「☆☆☆☆」の4段階で示しました。星の数の多さは、その分野からの出題数が多いことを表しています。

各問題には、「重要度」を3段階で示しました。☆1つや2つは重要度が低いということではなく、試験に出題される問題を正解するために必要な知識を問う問題になっています。

各章の始めに、学習日を記入する欄があります。

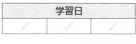

また、各問題の解答の横に、正解できたかどうかをチェックしておくチェックボックスがあります。

どちらも使わなくてもかまいませんが、日付やチェックマークを入れておくと、学習の進捗を図る目安になります。

まだ本試験でも模擬試験でもありませんから、時間を気にする必要はありません。理解することを目標に、じっくり取り組んでください。

それでは始めましょう。

姉妹書のお知らせ

本書の姉妹書として、『[ワイド版]オラクルマスター教科書 Bronze Oracle Database DBA12c 解説編』(ISBN978-4-7981-4595-2)がオンデマンドで刊行されています。

目次

本編の内容 iii

1 本章の出題頻度 | ★
データベースの概要   1

2 本章の出題頻度 | ★
データベース管理ツール   9

3 本章の出題頻度 | ★★★
スキーマオブジェクト   17

4 本章の出題頻度 | ★★
Oracle データベースの基本構造   34

5 本章の出題頻度 | ★★★
データベース記憶域構造の管理   38

6 本章の出題頻度 | ★★
インスタンスの起動／停止とメモリーコンポーネントの管理   55

7 本章の出題頻度 | ★★★
ユーザーおよびセキュリティの管理   64

8 本章の出題頻度 | ★★★
データベースの監視とアドバイザの使用   78

9 本章の出題頻度 | ★★★★
バックアップおよびリカバリの実行   98

10 本章の出題頻度 | ★★
Oracle ソフトウェアのインストールとデータベースの作成・アップグレード   120

11 本章の出題頻度 | ★★★
Oracle ネットワーク環境の構成   137

索引 159

練習問題編

1 データベースの概要

学習日

本章の出題範囲の内容は次のとおりです。

- リレーショナルデータベースの構造および SQL の使用方法の説明
- Oracle データベースの管理に使用するツールの定義

 本章からの出題は多くはありません。その中でも、SQL の分類に関する問題は出題率が高いので、本書に出ている SQL コマンドは正確に分類できるようにしておきましょう。

問題 1　重要度 ★★★

次の中から正しい説明をすべて選びなさい。

- ☐ A. リレーショナルデータベースは、データとデータの関連を階層で表現する
- ☐ B. リレーショナルデータベースは、データを二次元の表形式で表現する
- ☐ C. リレーショナルデータベースは、行と列の交わるフィールドに 1 つの値だけを持つ
- ☐ D. リレーショナルデータベースは、行と列の交わるフィールドに値のリストを持つ
- ☐ E. リレーショナルデータベースは、データをオブジェクトの形式で表現する

解説

データベースには、リレーショナルデータベースやオブジェクト指向データベースなど、いくつかの種類があります。Oracle はリレーショナルデータベースに該当します。

リレーショナルデータベースは、データを二次元の表形式で表現します。つまり、次の図に示すように、表の項目を列で、表に格納するデータを行で表します。

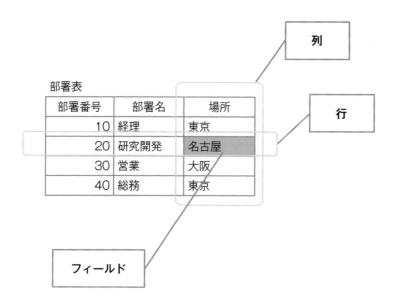

オブジェクト指向データベースは行と列が交わるフィールドに値のリストを格納できますが、リレーショナルデータベースはただ1つの値のみを格納します。

正解：B、C

問題2　重要度 ★★★

リレーショナルデータベース用語の説明として正しいものはどれですか。

- ☐ A. 表（テーブル）は、物理的な1つのOS上のファイルである
- ☐ B. ビューは、実際にデータを格納しているわけではない
- ☐ C. データを格納するオブジェクトを索引（インデックス）という
- ☐ D. 表（テーブル）内の値に関連付けをし、異なる表のデータを結合して問い合わせることができる

解説

データを格納するオブジェクト（物）を表またはテーブル（TABLE）といいます。索引（インデックス）は、データを格納するオブジェクトではなくデータの格納位置を格納するオブジェクトです。ビューは表に対する問合せをデータベースに保存し、あたかもその問合せ結果が表として存在するかのように扱えるオブジェクトです。ビューは表に対する問合せの定義をデータベースに保存していますが、データを格納しているわけではありません。ビューが使用されるたびに、表から必要なデータを取り出します。

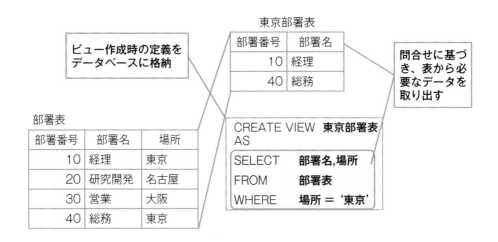

なお、表内の値に関連付けをし、異なる表のデータを統合して問い合わせることができます。

表のデータは、OS上のファイル内に格納されます。1つのファイルに1つの表だけを格納することも、複数の表を格納することもできます。よって、表は必ずしも物理的な1つのOS上のファイルであるとは限りません。

正解：B、D

問題3　重要度 ★★★

次の中から正しい説明をすべて選びなさい。

☐ A. DMLとは、Data Model Languageの略で、DESIGN、DELETEを含むデータモデリング言語が分類される
☐ B. DDLとは、Data Definition Languageの略で、CREATE、INSERTを含むデータ定義言語が分類される
☐ C. トランザクション制御は、INSERT、UPDATE、DELETEを含むトランザクションに関する言語が分類される
☐ D. DCLとは、Data Control Languageの略で、GRANT、REVOKEを含むデータ制御

練習問題編

言語が含まれる
- □ E. データ検索は、SELECTを含むデータを検索する問合せに関する言語が分類される

解説

SQLは、次の表のように分類することができます。

分類	コマンド	説明
データ検索	SELECT	問合せ（検索）
データ操作言語 (Data Manipulation Language)	INSERT	新規行の挿入
	UPDATE	既存値の更新
	DELETE	既存行の削除
	MERGE	既存値の更新、既存行の削除ならびに新規行の挿入
データ定義言語 (Data Definition Language)	CREATE	オブジェクトの作成
	ALTER	オブジェクトの変更
	DROP	オブジェクトの削除
	RENAME	オブジェクトの改名
	TRUNCATE	表の切り捨て（全行削除）
	COMMENT	オブジェクトに対するコメントの登録
データ制御言語 (Data Control Language)	GRANT	権限の付与
	REVOKE	権限の取り消し
トランザクション制御	COMMIT	トランザクションの確定終了
	ROLLBACK	トランザクションの取り消し終了
	SAVEPOINT	セーブポイントの設定

SQLの分類に、Data Model Languageという言語はありません。また、DESIGNというSQLコマンドも存在しません。

正解：D、E ✓✓✓

問題4　　　　　　　　　　　　　　　　　　　　　　　　重要度 ★★★

SQL句と説明の正しい組み合わせはどれですか。

- □ A. DROP：データ定義
- □ B. TRUNCATE：データ定義
- □ C. SAVEPOINT：トランザクション制御
- □ D. ROLLBACK：トランザクション制御
- □ E. ALTER：データ制御
- □ F. GRANT：データ定義

4

1 データベースの概要

解説

前問の解説の表を参照してください。

正解：A、B、C、D

問題 5 重要度 ★★★

リレーショナルデータベースの必須のコンポーネントはどれですか。

- ☐ A. オブジェクトとリレーション
- ☐ B. リレーションを操作する SQL と一連の演算子
- ☐ C. 一貫性のためのデータ整合性
- ☐ D. データ操作を行うプロシージャ
- ☐ E. データ操作を行うトリガー

解説

本設問のオブジェクトは「データ」のことであると解釈しましょう。リレーショナルデータベースは、データとデータをデータの関係（リレーション）で定義するデータベースです。よって、「オブジェクトとリレーション」は、リレーショナルデータベースにとって必須のコンポーネントです。

リレーショナルデータベースにおいて、データを扱う言語はSQLです。

異なるユーザーが同じデータを同時にアクセスすることが考えられますので、データの整合性を保つためのデータ操作は一貫性を保証できなければいけません。

プロシージャは、SQLに分岐処理や繰り返しなどの要素を含めたプログラムです。トリガーは、実行するタイミング（たとえば、employee表のsalary列がUPDATEされたら）を含んだプロシージャです。データ操作はSQLだけで可能なので、プロシージャおよびトリガーは必須要素ではありません。

正解：A、B、C

問題 6 重要度 ★★☆

リレーショナルデータベースの用語の説明として正しいものを 1 つ選びなさい。

- ◯ A. リレーショナルデータベースにおいて、表には必ず主キーと外部キーを宣言しなければならない
- ◯ B. 表において外部キーは 1 つしか宣言できない
- ◯ C. 表において主キーは 1 つしか宣言できない
- ◯ D. 複数の列を組み合わせて外部キーを宣言することはできない
- ◯ E. 複数の列を組み合わせて主キーを宣言することはできない

解説

次の図に示すように、表には、主キーや外部キーを宣言することができます。

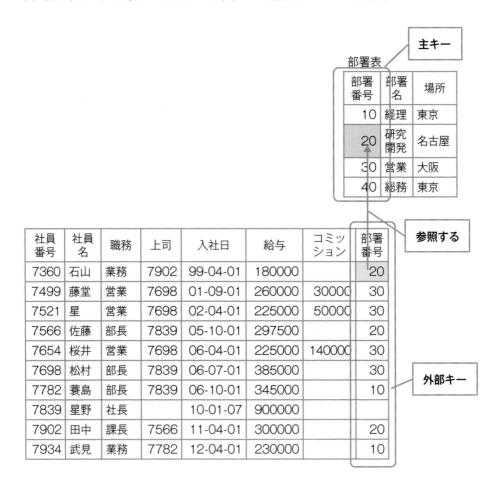

しかし、必ず宣言しなければならないわけではなく、主キーや外部キーを宣言しない表を作成することも可能です。

主キーは表において1つ宣言することができ、外部キーは1つの表において複数宣言できます。また、主キーおよび外部キーは1つの列または列の組み合わせに対して宣言することができます。

正解：C

1 データベースの概要

問題 7　重要度 ★★★

すべての SQL コマンドを実行するために使用するツールをすべて選びなさい。

- ☐ A. Enterprise Manager Database Express
- ☐ B. Oracle Universal Installer
- ☐ C. Oracle SQL Developer
- ☐ D. SQL*Plus

解説

Enterprise Manager Database Express は、使用しているデータベースを管理するツールです。Web から行った操作は SQL に変換され、実行されますが、すべての SQL を実行できるわけではありません。

Oracle Universal Installer は、Oracle 製品をインストールするためのツールです。SQL を実行することはできません。

SQL*Plus は、すべての SQL 文を実行することができるコマンドラインツールです。

Oracle SQL Developer は、すべての SQL 文を実行することができるグラフィカルツールです。

正解：C、D

問題 8　重要度 ★★★

次の中から管理ツールとその役割について正しい組み合わせを 1 つ選びなさい。

(1) Enterprise Manager Database Express
(2) Enterprise Manager Cloud Control
(3) Database Configuration Assistant
(4) Oracle Secure Backup

(ア)　テープバックアップ管理を提供する
(イ)　既存のデータベースを新しいリリースの Oracle にアップグレードする
(ウ)　中央コンソールから 1 つのデータベースを管理する
(エ)　複数のデータベースを管理する

- ○ A. (1)-(エ)
- ○ B. (2)-(ウ)
- ○ C. (3)-(イ)
- ○ D. (4)-(ア)

練習問題編

解説

　Oracle Secure Backupは、テープバックアップ管理を提供するツールです。詳細なことが問われることはありませんが、名前だけは覚えておきましょう。

　Database Configuration Assistantは、データベースの作成やデータベース作成用のテンプレートの管理を行うツールです。既存のデータベースを新しいリリースのOracleにアップグレードするのは、Database Upgrade Assistantです。名前が似ているので間違えないように注意しましょう。

　Enterprise Managerは、Webを使ってグラフィカルなコンソールを提供するデータベース管理ツールで、次の2つがあります。

- Enterprise Manager Database Express：1つのデータベースを管理する
- Enterprise Manager Cloud Control：中央コンソールから複数のデータベースを管理する

　Bronze DBAの出題範囲は、Enterprise Manager Database Expressです（詳細は第2章）。すべてのSQL操作に該当する機能は提供されていないので、注意してください。たとえば、データベースの起動や停止などは実行できません。

正解：D

本章の出題頻度 ★☆☆☆

練習問題編

2 データベース管理ツール

学習日		
/	/	/

本章の出題範囲の内容は次のとおりです。

- Enterprise Manager Database Express の起動
- Enterprise Manager Database Express の使用方法の説明
- Enterprise Manager 管理者権限の付与
- SQL*Plus および SQL Developer を使用したデータベースへのアクセス

重要

本章から難易度の高い出題がされることはありません。各ツールでできることは何かを覚えておけば安心です。
EM Express は権限によってできることが異なりますので、EM_EXPRESS_BASIC と EM_EXPRESS_ALL の違いを覚えておきましょう。また、EM Express のポートを確認する方法も覚えておくとよいでしょう。

問題 1　　　　　　　　　　　　　　　　　　重要度 ★★★

EM Express の主要なメニューはどれですか（3つ選びなさい）。

- ☐ A. 記憶域
- ☐ B. ネットワーク
- ☐ C. セキュリティ
- ☐ D. ジョブ
- ☐ E. パフォーマンス

解説

EM Express のメニューは次の図のとおりです。
よって、正解は「記憶域」「セキュリティ」「パフォーマンス」です。

9

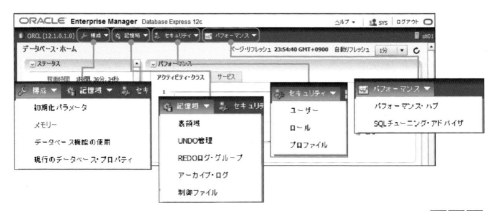

正解：A、C、E

問題2　重要度 ★★★

EM Express でできることはどれですか（2つ選びなさい）。

☐ A. リスナーの起動と停止
☐ B. プロファイルの作成／変更
☐ C. RMAN の設定
☐ D. 表領域の作成／変更
☐ E. ジョブの実行

解説

問題1の解説の図にもあるように、［セキュリティ］メニューには［プロファイル］、［記憶域］メニューには［表領域］があり、プロファイルおよび表領域の作成、編集、削除ができます。
リスナーの起動と停止、RMANの設定およびジョブの実行はできません。

正解：B、D

問題3　重要度 ★★★

EM Express でできることはどれですか（2つ選びなさい）。

☐ A. ユーザーの作成／変更
☐ B. データベースの起動／停止
☐ C. データベースのバックアップ／リカバリ
☐ D. 表の作成／変更
☐ E. ロールの作成

2 データベース管理ツール

解説

　問題1の解説の図にもあるように、[セキュリティ] メニューには [ユーザー] と [ロール] があり、ユーザーおよびロールの作成、編集 (変更)、削除ができます。

　データベースの起動と停止、データベースのバックアップ／リカバリおよび表の作成／変更はできません。

正解：A、E

問題 4　重要度 ★★★

　EM Express のポートを調べる方法はどれですか。

　○ A. SELECT dbms_xdb_config.gethttpsport FROM dual;
　○ B. DBMS_XDB_CONFIG.SETHTTPSPORT プロシージャ
　○ C. init.ora を調べる
　○ D. tnsnames.ora を調べる

解説

　ポートを検索するには、次のSQL文を実行します。

```
SQL> SELECT dbms_xdb_config.gethttpsport FROM DUAL;
GETHTTPSPORT
------------
5500
```

　DBMS_XDB_CONFIG.SETHTTPSPORT プロシージャは、EM Expressのポートを設定するプロシージャです。

　init.oraはテキスト形式の初期化パラメータの元になるファイルです。

　tnsnames.oraはクライアントからOracleサーバーに接続するときに使用する接続情報を記述するファイルで、ローカルネーミングメソッドを使用するときに使用します。

正解：A

問題 5　重要度 ★★★

　EM Express について正しい説明を 3 つ選びなさい。

　□ A. すべてのインスタンスで同じポートを使用する
　□ B. XMLDB がインストールされている必要がある
　□ C. DISPATCHERS 初期化パラメータが構成されている必要がある

11

☐ D. Flash プラグインがインストールされている必要がある
☐ E. 専用のポートは必要ない

解説

EM Express をアクティブにするには、DISPATCHERS 初期化パラメータに、少なくとも 1 つのディスパッチャが TCP プロトコルを使用した XMLDB サービス用に構成されている必要があります（選択肢 B、C は正解）。

同じマシン上で監視するデータベースインスタンスが複数ある場合は、それぞれに異なるポートを設定します（選択肢 A、E は不正解）。

また、EM Express では Shockwave Flash（SWF）ファイルを使用するため、Web ブラウザに Flash プラグインがインストールされている必要があります（選択肢 D は正解）。

正解：B、C、D

問題 6 重要度 ★★★

EM Express について正しい説明を 2 つ選びなさい。

☐ A. アーカイブログモードを無効から有効に変更できる
☐ B. Web ベースのコンソールを使用する
☐ C. 共有サーバーがリクエストを処理する
☐ D. データベースを起動できる
☐ E. コマンドラインインターフェイスを使用する

解説

Enterprise Manager は、Web ベースのコンソールを使用する管理ツールです。Cloud Control と Database Express（以下、EM Express）があります。

Cloud Control では、アーカイブログモードの有効／無効の切り替えやデータベースの起動／停止を行うことができますが、EM Express では実行できません。

EM Express は、コマンドラインインターフェイスは提供していません。

クライアント（Web コンソール）からの要求は、ディスパッチャを経由し共有サーバーがリクエストを処理します。

正解：B、C

2　データベース管理ツール

問題 7　　　　　　　　　　　　　　重要度 ★★★

SQL Developer で実行可能な DBA 操作はどれですか（2 つ選びなさい）。

- ☐ A. listener.ora ファイルの編集
- ☐ B. リスナーの起動／停止
- ☐ C. データベースの起動／停止
- ☐ D. リソースマネージャの構成
- ☐ E. データベーステンプレートの構成

解説

SQL Developer で実行可能な主な DBA 操作は次のとおりです。

- データベースの起動／停止
- RMAN バックアップ／リカバリアクション
- リソースマネージャの構成
- スケジューラの設定
- 監査設定
- プロファイル、ロール、ユーザーなどのセキュリティ構成

listener.ora ファイルの編集ができるのは、Enterprise Manager Cloud Control、Net Manager、Net Configuration Assistant です。

リスナーの起動／停止ができるのは、リスナー制御ユーティリティ（lsnrctl）または Enterprise Manager Cloud Control です。

データベーステンプレートの構成ができるのは、Database Configuration Assistant です。

正解：C、D ☑☑☑

問題 8　　　　　　　　　　　　　　重要度 ★★★

SQL Developer について正しい説明を 2 つ選びなさい。

- ☐ A. 開発ツールなので DBA 操作は実行できない
- ☐ B. DBA 操作を実行するには DBA ナビゲータを使用する
- ☐ C. データベース管理特権を持つユーザーは、SQL Developer を使用できない
- ☐ D. コマンドラインツールである
- ☐ E. グラフィカルツールである

練習問題編

解説

Oracle SQL Developerは、GUI（グラフィカルユーザーインターフェイス）を使用したデータベース管理ツールです。データベース管理特権を持つユーザーはSQL Developerを使用して、DBAに関する特定の情報を表示および編集し、DBA操作を行うことができます。DBA操作をするには、DBAナビゲータを使用します。

正解： B、E ☑☑☑

問題9　重要度 ★★★

SQL*Plus について正しい説明を 1 つ選びなさい。

- A. バッチモードでのみ使用できる
- B. 対話モードでのみ使用できる
- C. Web を使用したグラフィカルモードのみ使用できる
- D. 対話モードおよびバッチモードで使用できる

解説

SQL*Plusは、対話モードおよびバッチモードでの使用ができます。対話モードは、SQL*Plusを使用してデータベースにログイン後、SQL*Plusのプロンプト上にSQLコマンドを入力し実行することができます。

また、複数のSQLコマンドまたはSQL*Plusコマンドを記述したテキストファイルを作成しておき、バッチモードで実行することができます。

正解： D ☑☑☑

問題10　重要度 ★★★

SQL*Plus でできることはどれですか（3 つ選びなさい）。

- A. データベースの起動と停止
- B. PL/SQL ブロックの実行
- C. データベースのバックアップとリカバリ
- D. パスワードファイルの作成
- E. リスナーの設定

14

2 データベース管理ツール

解説

　SQL*Plusは、データベースを管理するためのコマンドラインインターフェイスツールです。

　データの問合せ、挿入、更新および削除などのデータ操作の他、データベースおよびインスタンスの起動と停止、バックアップとリカバリ操作などのデータベース管理コマンドも実行できます。パスワードファイルの作成は専用のユーティリティが存在し、SQL*Plusでは作成しません。リスナーの設定を行うOracleツールは、SQL*Plusではなく、Enterprise Manager Cloud Control、Oracle Net ManagerおよびOracle Net Assistantです。

正解：A、B、C ☑☑☑

問題11　　　　　　重要度 ★★★

　SQL*Plus について正しい説明を2つ選びなさい。

- ☐ A. perl コマンドの実行ができる
- ☐ B. OS コマンドの実行ができる
- ☐ C. Java コマンドの実行ができる
- ☐ D. SQL コマンドの実行ができる

解説

SQL*Plusでは、SQLおよびSQL*Plusコマンドを実行することができます。

また、SQL*PlusのHOSTコマンドを使用して、OSコマンドを実行することができます。

Javaコマンドやperlコマンドを直接SQL*Plusから実行することはできません。

正解：B、D ☐☐☐

問題12　　　　　　重要度 ★★★

　任意のユーザーを作成し、そのユーザーで EM Express でパフォーマンスの監視のみを行うようにしたい。どのロールを設定すればよいですか。

- ○ A. EM_EXPRESS_BASIC
- ○ B. OEM_MONITOR
- ○ C. SELECT_CATALOG_ROLE
- ○ D. RESOURCE
- ○ E. AUTHENTICATEDUSER

解説

　選択肢のロールは次のとおりです。

15

練習問題編

ロール名	説明
OEM_MONITOR	Oracle Enterprise Manager の管理エージェントコンポーネントで必要とされる、データベースを監視および管理する権限
SELECT_CATALOG_ROLE	データディクショナリ内のオブジェクトに対する SELECT 権限
RESOURCE	CREATE CLUSTER、CREATE INDEXTYPE、CREATE OPERATOR、CREATE PROCEDURE、CREATE SEQUENCE、CREATE TABLE、CREATE TRIGGER、CREATE TYPE の各システム権限 [1]
AUTHENTICATEDUSER	システムにログインしたユーザーを定義するために、XDB プロトコルで使用する権限
EM_EXPRESS_BASIC	EM Express に接続して、読取り専用モードでページを表示する権限
EM_EXPRESS_ALL	EM Express に接続して、EM Express によって提供されるすべての機能を使用できる権限。EM_EXPRESS_ALL ロールは、EM_EXPRESS_BASIC ロールを含む

[1]：Oracle Database の以前のリリースとの互換性を考慮して用意されています。ただし、UNLIMITEDTABLESPACE システム権限は含まれていません。

OEM_MONITOR は、Oracle Enterprise Manager の管理エージェントコンポーネントで必要とされる権限が含まれるロールであって、EM Express における操作のためのロールではありません。

正解：A ☑☑☑

問題13   重要度 ★★★

任意のユーザーを作成し、そのユーザーで EM Express でパフォーマンスの監視と必要に応じた設定を行うようにしたい。どのロールを設定すればよいですか。

○ A. EM_EXPRESS_ALL
○ B. OEM_MONITOR
○ C. SELECT_CATALOG_ROLE
○ D. RESOURCE
○ E. AUTHENTICATEDUSER

解説

選択肢のロールは前問の解説のとおりです。

正解：A ☑☑☑

練習問題編

3 スキーマオブジェクト

本章の出題範囲の内容は次のとおりです。

- データベース表の作成および変更
- データベース表のデータ表示
- データベースオブジェクトの追加作成
- 表へのデータのロード

本章では、「表のネーミングルール」「PRIMARY KEY 制約追加時および削除時の注意事項」「索引について」「表のコピー時の注意事項」「ビュー作成時の注意事項」「表削除時の注意事項」「SQL*Loader」「Data Pump」と幅広くいろいろな種類の問題が出題されます。Bronze 12c SQL 基礎で学ぶことと重なるものもありますので、正解できない方は、SQL の勉強もあわせて行っておきましょう。

問題 1

```
ALTER TABLE sales
  ADD PRIMARY KEY (sales_id);
```

上記の SQL を実行した結果について正しいものはどれですか（2 つ選びなさい）。

- ☐ A. 列に一意索引が作成される
- ☐ B. 列が NULL でなく、一意の値のみの場合正常に実行できる
- ☐ C. 制約名の指定がないため、正常に実行できない
- ☐ D. 列に CHECK 制約が作成される

解説

設問では、sales 表の sales_id 列に PRIMARY KEY（主キー）制約を追加しようとしています。PRIMARY KEY（主キー）制約は、値が NULL でなく、かつ一意であることを保証するため、新規に挿入するデータだけでなく既存のデータも NULL でなく一意でなければ、設問の SQL 文は正常に実行されません。

制約名は省略することができます。省略すると SYS_ で始まる一意な名前が自動的につけられます。一意であることは一意索引によって保証されるため、PRIMARY KEY（主キー）制約を定義

練習問題編

すると自動的に列に一意索引が作成されます。

正解：A、B ☑☑☑

問題2　　　　　　　　　　　　　　　　　　　　重要度 ★★★

SALES 表には、1000 件のレコードが存在します。

```
ALTER TABLE sales
  ADD  (qty NUMBER);
```

上記の SQL を実行した結果について正しいものはどれですか。

○ A. エラーになる
○ B. 表の先頭に qty 列が作成される
○ C. qty 列は全行 NULL
○ D. qty 列は全行空白

解説

列の追加は表にデータがあってもなくても、実行できます。
表の最後に列が追加されます。
DEFAULT 値の指定をしていなければ、全行 NULL が入ります。

正解：C ☑☑☑

問題3　　　　　　　　　　　　　　　　　　　　重要度 ★★★

```
DROP TABLE sales CASCADE CONSTRAINTS PURGE;
```

このコマンドについて正しいものはどれですか（2 つ選びなさい）。

☐ A. 表構造とデータとすべての制約が削除される
☐ B. フラッシュバックデータベースで表をリカバリできる
☐ C. フラッシュバック表で表をリカバリできる
☐ D. 表に定義されている索引が削除される

解説

表を削除すると、表のデータ、表に定義された制約および索引が削除されます。
　PRIMARY KEY（主キー）制約が定義された表を削除する場合は、設問のように「CASCADE CONSTRAINTS」を指定します。この指定により、削除する表の主キー列を参照する行が他の

3　スキーマオブジェクト

表に存在していても、他の表のFOREIGN KEY（外部キー）制約を一緒に削除します。

　PURGEを指定するとごみ箱には保存されないため、フラッシュバックドロップでリカバリはできません。PURGEが指定されていなかった場合、使用可能なフラッシュバック機能は、フラッシュバックデータベースでもフラッシュバック表でもなく、フラッシュバックドロップ（選択肢B、Cが正解になることはない）であることにも気づいてください。

正解：A、D

問題4　　　　　　　　　　　　　　　　　　　　　重要度 ★★★

```
DROP TABLE sales CASCADE CONSTRAINTS;
```

　このコマンドについて正しいものはどれですか（2つ選びなさい）。

☐ A. フラッシュバック表で表をリカバリできる
☐ B. フラッシュバックドロップで表をリカバリできる
☐ C. sales表のPRIMARY KEY列を参照している他の表のFOREIGN KEY制約が削除される
☐ D. sales表のPRIMARY KEY列を参照している表の行が削除される

解説

　前問の解説を正しく理解できたでしょうか。

　本問題のようにPURGEオプションがついていない場合はごみ箱に保存されるので、フラッシュバックドロップで表をリカバリできます。フラッシュバック表ではないので、注意してください。

　CASCADE CONSTRAINTSオプションは、PRIMARY KEY（主キー）制約を定義した列を参照しているFOREIGN KEY（外部キー）制約を削除するのであって、参照している行そのものを削除するのではありません。こちらも、間違えないように注意しましょう。

正解：B、C

19

練習問題編

問題 5

重要度 ★ ★ ★

employee 表を作成することになりました。phone 列には、会社が社員に支給している携帯電話の番号を格納します。phone 列に定義する最適な制約を次の中から 1 つ選びなさい。

- ○ A. PRIMARY KEY
- ○ B. FOREIGN KEY
- ○ C. CHECK
- ○ D. UNIQUE
- ○ E. NOT NULL

解説

Oracle が扱う制約は次のとおりです。

制約	説明
PRIMARY KEY	主キー。表内の行を識別する。一意で必須で永続性が保証できる列に定義する
UNIQUE	一意キー。NULL 以外の重複は許可しない
CHECK	指定した条件を満たす行のみ受け入れる
FOREIGN KEY	外部キー。参照整合性制約。入力する値が、参照元の主キーまたは一意キーに存在しない場合はエラーとする
NOT NULL	必須。NULL を許可しない

同じ番号を複数の人に使用させていると特定の人に連絡ができないため、会社が社員に支給している携帯電話の番号は、ひとりひとり異なるはずです。よって、一意であることを保証できる「PRIMARY KEY」か「UNIQUE」制約が適当です。「PRIMARY KEY」制約は一時的でも NULL を持つことはできません。また、データを識別するための値に対して「PRIMARY KEY」制約を定義すべきなので、値が変わることは好ましくありません。携帯電話の番号は退職者が使っていた番号を新規採用した人に使用させる可能性があり、携帯電話の番号では社員を特定することができません（以前は、090-1111-1111 は田中さんだったのに、田中さんが退職後に佐藤さんが使うようになると、090-1111-1111 という値で田中さんのデータを識別することはできなくなります）。

したがって、phone 列に「PRIMARY KEY」制約を付けることは好ましくありません。よって、正解は D「UNIQUE」です。

正解：D ✓ ✓ ✓

3 スキーマオブジェクト

問題6　重要度 ★★★

　customer（顧客）表とorder（注文）表を作成します。顧客は何度も注文することがあります。注文表には、どの顧客からの注文なのかがわかるようにcust_id列を持たせ、存在しない顧客が誤って指定されないようにします。次の中から正しい制約の定義を2つ選びなさい。

- ☐ A. customer 表の cust_id 列には、PRIMARY KEY 制約を定義する
- ☐ B. customer 表の cust_id 列には、FOREIGN KEY 制約を定義する
- ☐ C. order 表の cust_id 列には、PRIMARY KEY 制約を定義する
- ☐ D. order 表の cust_id 列には、FOREIGN KEY 制約を定義する

解説

　FOREIGN KEY制約は、参照元表の「UNIQUE」または「PRIMARY KEY」制約が定義された列の値を参照します。FOREIGN KEY 制約を定義すると、定義した表にINSERTまたはUPDATE されるたびに、FOREIGN KEY 制約に定義された参照元にこれからINSERTまたはUPDATE しようとしている値が存在するかどうか評価し、存在しない場合はエラーとします。よって、order表のcust_id列にはFOREIGN KEY制約を定義し、customer表のcust_id列を参照させれば、存在しない顧客が誤って指定されないようにすることができます。FOREIGN KEY制約で参照される列には、「UNIQUE」または「PRIMARY KEY」制約が定義されている必要があるので、正解は、A「customer表のcust_id列には、PRIMARY KEY制約を定義する」とD「order表のcust_id列には、FOREIGN KEY制約を定義する」です。

正解：A、D ☐☐☐

問題7　重要度 ★★★

　次の中から正しい説明を1つ選びなさい。

- ○ A. 表のデータをすべて削除するとその表の定義も削除される
- ○ B. 表を削除するとその表の定義とすべてのデータが削除される
- ○ C. 表を切り捨てるとその表の定義とすべてのデータが削除される
- ○ D. 表を削除するとその表をもとに作成されていたストアドプログラムも削除される

解説

　表のデータを削除するのは、DELETE命令です。DELETEは表内のデータを削除しますが、表の定義は削除しません。したがって、A「表のデータをすべて削除するとその表の定義も削除される」は不正解です。

　表を削除するのは、DROP命令です。DROP命令ではその表の定義とすべてのデータが削除さ

21

練習問題編

れ、また、その表に定義されていた制約および索引が削除されます。その表をもとに作成していた
ビューおよびストアドプログラムは削除されません。したがって、B「表を削除するとその表の定義
とすべてのデータが削除される」は正解ですが、D「表を削除するとその表をもとに作成されていた
ストアドプログラムも削除される」は不正解です。

　表を切り捨てるのは、TRUNCATE命令です。TRUNCATEでは、すべてのデータが削除され
暗黙のコミット（commit）が行われます。しかし、その表の定義が変更されることはありません。
したがって、C「表を切り捨てるとその表の定義とすべてのデータが削除される」は不正解です。

正解：B ✓✓✓

問題8　重要度 ★★★

```
DESC employees

名前                    NULL?    型
---------------------- -------- ----------------
EMPLOYEE_ID            NOT NULL NUMBER(6)
FIRST_NAME                      VARCHAR2(20)
LAST_NAME              NOT NULL VARCHAR2(25)
EMAIL                 NOT NULL VARCHAR2(25)
PHONE_NUMBER                    VARCHAR2(20)
HIRE_DATE             NOT NULL DATE
JOB_ID                NOT NULL VARCHAR2(10)
SALARY                          NUMBER(6)
COMMISSION_PCT                  NUMBER(2,2)
MANAGER_ID                      NUMBER(6)
DEPARTMENT_ID                   NUMBER(4)
```

　この表には100行のデータがあり、JOB_IDには、最大7文字が格納されています。こ
の表に実行できる作業を3つ選びなさい。

- ☐ A. 列の削除
- ☐ B. JOB_ID列のデータ型をVARCHAR2(7)に変更する
- ☐ C. SALARY列のデータ型をNUMBER(8,2)に変更する
- ☐ D. PHONE_NUMBER列の値をNUMBER(20)に変更する

解説

　表のデータが0件であろうが1件以上であろうが、列の削除はできます（選択肢Aは正解）。

　VARCHAR2型をCHAR型に、あるいはCHAR型をVARCHAR2型に変更することはできま
すが、CHAR型またはVARCHAR2型をNUMBER型に変更することはできません（選択肢Dは

3　スキーマオブジェクト

不正解)。

　CHAR型、VARCHAR2型およびNUMBER型において、列サイズを大きくすることは常にできます。つまり、NUMBER(6)が定義されているSALARY列をNUMBER(8,2)に変更することは可能です（選択肢Cは正解)。

　列を小さくする場合は、全行の値がNULLでなければできません。しかし、VARCHAR2において、現在格納されている値の最大長以上のサイズであれば小さくすることができます。設問では、JOB_ID列の値は最大7文字といっていますので、VARCHAR2(7)に変更することが可能です（選択肢Bは正解)。

正解：A、B、C

問題9　重要度 ★★★

　制約について正しい説明はどれですか。

□ A. CHECK制約は、制約列以外の列を参照する条件は指定できない
□ B. 外部キー制約は、同じ表または異なる表の一意の値を参照する
□ C. 一意制約はNULLを挿入することはできない
□ D. 主キー制約は同じ表に複数指定することはできない

解説

　CHECK制約では、制約列以外の列を参照することができます（選択肢Aは不正解)。たとえば、LIST_PRICE（販売価格）列の値がSTD_PRICE（標準価格）の60%以上でなければならない場合、次のCHECK制約を定義することができます。

```
CREATE TABLE products ( ……
 list_price NUMBER(8,2) CHECK (list_price >= std_price * 0.6) ……);
```

　一意制約は、値が重複しないことを保証する制約です。NULLをエラーとする制約ではありません。NULLの挿入をエラーとするのは、NOT NULL制約です（選択肢Cは不正解)。主キー制約またはUNIQUE制約は、値が一意であることを保証します。

　外部キーは同じ表または異なる表の主キー制約または一意キー制約が定義された（つまり一意な値が保証されている）列または列の組み合わせを参照します（選択肢Bは正解)。

　なお、外部キー制約は1つの表に複数定義できますが、主キー制約は1つしか定義できません（選択肢Dは正解)。

正解：B、D

練習問題編

問題10　　　　　　　　　　　　　　　　　　　重要度 ★★★

索引について正しい説明はどれですか（2つ選びなさい）。

- ☐ A. 表の複数の列に作成できる
- ☐ B. 表を更新すると自動的にメンテナンスされる
- ☐ C. 表を削除すると索引は無効
- ☐ D. 一意の列にのみ作成できる

解説

索引は効率よく検索を行うために使用するデータベースオブジェクトです。

索引によって検索は速くなりますが、新規レコードの挿入や既存レコードの削除、データの更新は、該当する情報を索引にも反映しなければならない（索引は自動的にメンテナンスされる）ため、表に対するデータ操作は負荷がかかります。

表を削除するとその表に定義されているビューは無効になりますが、索引は一緒に削除されます。無効とは、そのオブジェクトは残っているが使用できない状態で、削除はそのオブジェクト自体がなくなるので、無効とは異なります。

正解：A、B ☑☑

問題11　　　　　　　　　　　　　　　　　　　重要度 ★★★

```
DESC employees

名前                     NULL?    型
----------------------  --------  ----------------
EMPLOYEE_ID             NOT NULL  NUMBER(6)
FIRST_NAME                        VARCHAR2(20)
LAST_NAME               NOT NULL  VARCHAR2(25)
EMAIL                   NOT NULL  VARCHAR2(25)
PHONE_NUMBER                      VARCHAR2(20)
HIRE_DATE               NOT NULL  DATE
JOB_ID                  NOT NULL  VARCHAR2(10)
SALARY                            NUMBER(8,2)
COMMISSION_PCT                    NUMBER(2,2)
MANAGER_ID                        NUMBER(6)
DEPARTMENT_ID                     NUMBER(4)

CREATE TABLE myemp (empid,ename,sal,hiredate DEFAULT SYSDATE,deptno)
  AS SELECT employee_id,last_name,salary,hire_date,department_id
    FROM employees;
```

24

3　スキーマオブジェクト

　　上記の文について正しいものはどれですか。

○　A. 正常に実行される
○　B. 列名が一致していないため、文は正常に実行されない
○　C. 新しい表に DEFAULT 句を指定しているため文は正常に実行されない
○　D. 指定した列に NOT NULL が設定される
○　E. PK、FK を含むすべての制約がコピーされる

解説

　CREATE TABLE 表名 AS SELECT……は、表のコピーをすることができます。

　このとき、SELECT句に記述する列名とCREATE文に記述する列名は、数とデータ型（互換を含む）は一致していなければいけませんが、名前は異なっていて構いません。

　新しい表には、元の表に影響を受けることなく、列名、制約やDEFAULT指定を行うことができます。

　列名と制約は指定がなければ元の表からコピーされますが、コピーされる制約はNOT NULLのみで、PK（PRIMARY KEY：主キー）やFK（FOREIGN KEY：外部キー）はコピーされません。また、新しい表のすべての列にNOT NULL制約が定義されるのではありません。

正解：A ☑ ☑ ☑

問題 12　　　　　重要度 ★★★

```
DESC employees

名前                     NULL?    型
---------------------- -------- ----------------
EMPLOYEE_ID            NOT NULL NUMBER(6)
FIRST_NAME                      VARCHAR2(20)
LAST_NAME             NOT NULL VARCHAR2(25)
EMAIL                NOT NULL VARCHAR2(25)
PHONE_NUMBER                   VARCHAR2(20)
HIRE_DATE            NOT NULL DATE
JOB_ID               NOT NULL VARCHAR2(10)
SALARY                         NUMBER(8,2)
COMMISSION_PCT                 NUMBER(2,2)
MANAGER_ID                     NUMBER(6)
DEPARTMENT_ID                  NUMBER(4)

CREATE OR REPLACE VIEW myemp_v (empid,ename,sal,hiredate,deptno)
 AS SELECT employee_id,last_name,salary,hire_date,department_id
 FROM employees;
```

練習問題編

　上記の文について正しいものはどれですか。

　○ A. 列名が一致していないため、文は正常に実行されない
　○ B. NOT NULL 列を含むいくつかの列がビュー定義に含まれていないため文は正常に
　　　実行されない
　○ C. ビューを更新すると指定された列の元表が更新される
　○ D. ビューに挿入すると指定された列の元表に追加される

（解説）

　VIEWは仮想表とも呼ばれ、実際のデータをビューが保持することはありません。ビューに対して操作された新規レコードの挿入、既存行の削除、データの更新は、ビューの元となる表に対して行われます。

　ただし、すべての操作が元の表に対して正常に実行されるとは限りません。

　たとえば、新規レコードの挿入の場合、NOT NULL制約が定義してある列がビューに含まれていなければ、DEFAULT指定がない限り元の表にNULLを挿入することになるため、エラーになります。

　ビュー作成時に、NOT NULL制約が定義されたすべての列を指定する必要はありませんが（作成は正常に行われます）、ビューを通して元表に新規レコードの挿入を行いたければ、NOT NULL列をすべて含めておかなければいけません。

　ビューを更新すると指定された列の元表が更新されます。このとき、該当する列に計算式などが含まれていない限りエラーにはなりません。ビューの列名が元となる表の列名と異なっていても構いません。列名が異なるからといって、ビュー作成時にエラーになることもありません。

正解：C ☑☑☑

問題13　　　　　　　　　　　　　　　　　重要度 ★★★

　customer 表を作成することになりました。顧客を識別するための cust_id 列には、順序を使用して発番した一意な数値を格納します。cust_id 列の最適なデータ型を次の中から1つ選びなさい。

　○ A. DATE
　○ B. TIMESTAMP
　○ C. CHAR
　○ D. NUMBER
　○ E. VARCHAR2

（解説）

　Oracleが扱う主なデータ型は次のとおりです。

26

3　スキーマオブジェクト

データ型	説明
NUMBER	数値
CHAR	最大 2000 までの固定長文字列
VARCHAR2	最大 4000 までの可変長文字列
BLOB	最大 128TB のバイナリデータ
CLOB	最大 128TB の文字列
DATE	日付（年月日時分秒）
TIMESTAMP	小数秒を含む日付（タイムゾーンを含めることが可能）

　選択肢の中で数値を格納するデータ型は、NUMBER のみです。したがって、正解は D「NUMBER」です。

正解：D ☑☑☑

問題 14　重要度 ★★★

　customer 表を作成することになりました。顧客の性別を格納する列には、M（男性）か F（女性）の英字 1 文字を格納します。性別列の最適なデータ型を次の中から 1 つ選びなさい。

○　A. DATE
○　B. TIMESTAMP
○　C. CHAR
○　D. NUMBER
○　E. VARCHAR2

解説

　「M」または「F」の文字を格納することができるデータ型は CHAR 型か VARCHAR2 型です。どちらも格納可能な桁数を指定できますが、設問では、英字 1 文字の固定長のデータを格納すると述べており、最適な選択肢（1 つ）を選ぶのであれば、可変長の VARCHAR2 ではなく、固定長の CHAR を選択するのが妥当です。したがって、正解は C「CHAR」です。

正解：C ☑☑☑

問題 15 重要度 ★★★

SQL Developer を使用して表データを表示するステップとして正しいのはどれですか。

- A.「ネットワーク」ナビゲータで表を選択し、[接続] タブをクリックして表データを表示する
- B.「接続」ナビゲータで表を選択し、[データ] タブをクリックして表データを表示する
- C.「接続」ナビゲータで表を選択し、[オブジェクト] タブをクリックして表データを表示する
- D.「データ」ナビゲータで表を選択し、[接続] タブをクリックして表データを表示する

解説

SQL Developer を使用して表データを表示するステップは、次の図のとおりです。「接続」ナビゲータで（❶）表を選択し（❷）、[データ] タブをクリックして（❸）表データを表示（❹）します。

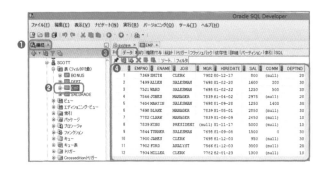

正解：B

問題 16 重要度 ★★★

表に定義されている列を一覧する SQL*Plus コマンドはどれですか。

- A. SHOW
- B. DESC
- C. DESIGN
- D. LIST

3 スキーマオブジェクト

解説

　表に定義されている列を一覧する SQL*Plus コマンドは、DESCRIBE です。DESC と省略して使用することもできます。

　SHOW は、SQL*Plus 変数の設定値を確認するコマンドです。LIST は、SQL バッファ内の SQL を一覧するコマンドです。

　DESIGN という SQL*Plus コマンドはありません。

正解：B

3

問題 17　重要度 ★★★

　ユーザーから、注文分析をするときの検索処理が遅いとクレームが来ています。この注文データは各支店のデータが夜中のうちに転送されて一括挿入されるため、データの挿入または更新に関しては時間がかかっても構わないとユーザーは言っています。最適な方法を 1 つ選びなさい。

○ A. ビューを作成する
○ B. 索引を作成する
○ C. 索引を削除する
○ D. 制約を定義する

解説

　索引を使用する検索が行われる場合、索引から該当行が格納されているアドレスを取得し、表に対してアクセスが行われます。そのため、必要とするデータを大きな表を全行アクセスして探す必要がないため、検索のスピードは改善されます。しかし、表に対してデータの挿入または更新を行うとそれに伴い、索引にもデータの挿入または更新が行われます。よって、索引を作成することにより、表に対する検索は速くなりますが、挿入、更新は遅くなる可能性があります。

　設問では、「データの挿入または更新に関しては時間がかかっても構わないので、検索を速くしたい」と述べているので、B「索引を作成する」が正解です。

　ビューは、表の特定の行または列を仮想の表としてユーザーに公開することができます。しかし、実際に値を格納しているわけではないので、ビューを作成しても検索は速くなりません。したがって、A「ビューを作成する」は不正解です。

　制約は、表に対して挿入または更新が行われるときに値の妥当性を評価します。それによって検索処理が速くなることはありません。したがって、D「制約を定義する」は不正解です。

正解：B

29

練習問題編

問題 18 　　　　　　　　　　　　　　　　　　　重要度 ★★☆

　ビューの目的として正しいものを 2 つ選びなさい。

☐ A. アクセス制限
☐ B. 検索速度の向上
☐ C. アクセスの簡素化
☐ D. 権限管理の簡素化

解説

　ビューは仮想表とも呼ばれ、表に対する問合せの定義をデータベースに保存しておくことで、複雑な SQL 文を入力しなくても簡単に必要なデータを検索できるようになります。

　仮想表という呼び方が示しているとおり、実際の値を格納しているわけではありませんので、ビューを使用したからといって検索速度が速くなるわけではありません。B「検索速度の向上」は索引の目的であって、ビューの目的ではないため不正解です。

　権限管理の簡素化はロールの目的であって、ビューの目的ではありません。したがって、D「権限管理の簡素化」は不正解です。

　ビューは特定の行や列を指定することができるため、ユーザーに対し表ではなく、ビューに対してオブジェクト権限を与えることで、表の全行、全列ではなく、ビューに定義した特定の行と列だけをアクセスさせることができます。

　したがって、正解は、A「アクセス制限」と C「アクセスの簡素化」です。

正解：A、C ☑☑☑

問題 19 　　　　　　　　　　　　　　　　　　　重要度 ★★★

　索引の説明として正しいものを 3 つ選びなさい。

☐ A. 表の列または列の組み合わせに対して定義される
☐ B. 索引を定義された列の値とその値を格納している行のアドレスデータを持つ
☐ C. B* ツリーである
☐ D. 表に対するアクセス制限を制御するために用いる

解説

　索引とは、表の列または列の組み合わせに対して定義します。索引は、B* ツリーアルゴリズムを使用し、リーフブロックと呼ばれるデータブロックには、索引を定義した列の値とその値を格納している行のアドレスデータのみを格納します。

　索引を使用する検索が行われる場合、索引から該当行が格納されているアドレスを取得し、表に対してアクセスが行われます。そのため、必要とするデータを大きな表を全行アクセスして探す

必要がないため、検索のスピードは改善されますが、アクセス制御には役立ちません。

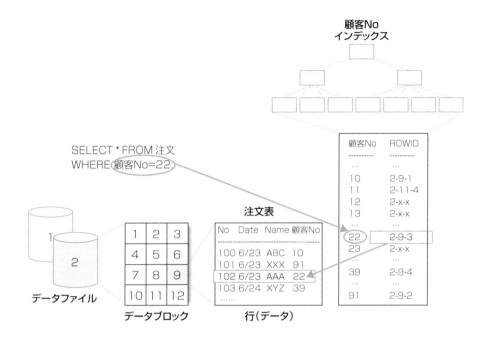

したがって、正解はA「表の列または列の組み合わせに対して定義される」、B「索引を定義された列または列の値とその値を格納している行のアドレスデータを持つ」、C「B*ツリーである」です。

正解：A、B、C

問題 20　重要度 ★★★

SQL*Loader に関する正しい説明はどれですか。

- A. データベースのデータを外部ファイルに出力することができる
- B. 非 Oracle ファイルのデータをデータベース表にロードする
- C. Dump ファイルを出力する
- D. データベースからデータをエクスポートし、エクスポートしたデータをインポートすることができる

解説

SQL*Loader は、csv ファイルのような非 Oracle ファイルのデータを Oracle 上の表にロードする Oracle ユーティリティです（選択肢Bは正解）。Dump ファイルは出力しません（選択肢Cは

不正解)。また、「データベースのデータを外部ファイルに出力することができる」ではなく、「外部ファイルのデータをデータベースにロードすることができる」です(選択肢Aは不正解)。

「データベースからデータをエクスポートし、エクスポートしたデータをインポートすることができる」のは、Data Pumpユーティリティです(選択肢Dは不正解)。Data Pumpは、データベースからデータをエクスポートする際に、Dumpファイルを出力します。

正解：B

問題 21

重要度 ★★★

SQL*Loaderに関係があるファイルを2つ選びなさい。

- A. データファイル
- B. 制御ファイル
- C. パスワードファイル
- D. 初期化パラメータファイル

解説

SQL*Loaderは、ロードするデータが記述されているファイルをデータファイルと呼び、データファイル内のデータを解釈しデータベースの表にロードするための情報が記述されているファイルを制御ファイルといいます。

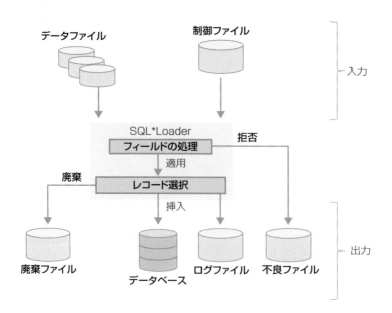

データベースファイルのデータファイル、制御ファイルと呼び方が同じなので、設問や選択肢から、

3 スキーマオブジェクト

データベースファイルを構成するデータファイルまたは制御ファイルなのか否かを判断してください。
初期化パラメータファイルやパスワードファイルは必要ありません。

正解： A、B

問題 22

重要度 ★★★

　データベースの RECYCLEBIN が ON になっています。Scott さんの dept 表を削除しました。正しい説明を2つ選びなさい。

- ☐ A. 表構造のみを戻せる
- ☐ B. 表構造とデータを戻せる
- ☐ C. ビューと索引も削除される
- ☐ D. 索引は削除されるがビューは残る

解説

　表を削除すると、表とその表に定義されている索引が削除されます。削除された表をもとに作成されたビューは削除されません。

　フラッシュバックドロップ機能が有効になっている場合、削除した表（表構造とデータ）と索引は元に戻すことができます。したがって、正解はB、Dです。

　フラッシュバックドロップ機能を有効にするためには、データベースのRECYCLEBINの設定をONにします。

正解： B、D

33

練習問題編

4 Oracle データベースの基本構造

学習日		
/	/	/

本章の出題範囲の内容は次のとおりです。

- データベースの基本的な動作と構造
- データベースファイル
- インスタンス

本章からの出題は少ないですが、本章で学んだことをベースにした内容が他の章に分類され出題されます。よって、本章ではデータベースファイルの構成要素である、REDOログファイルと制御ファイルの役割をしっかりと復習しておきましょう。

問題 1　　重要度 ★★★

REDO ログファイルについて正しいものを 3 つ選びなさい。

- ☐ A. データ変更を保存する
- ☐ B. 変更履歴を永続的に保存する
- ☐ C. リカバリ中にコミットされた変更をロールフォワードするために使用される
- ☐ D. 変更されたブロックを追跡するのに使われる

解説

　REDO ログファイルは、トランザクションおよび Oracle Database サーバーの内部処理によって行われたデータベースへの変更を記録するために使用します。REDO ログファイルをアーカイブ（バックアップ）することにより、変更履歴は永続的に保存することができます。

　データファイルに障害が発生した場合は、バックアップ済みのデータファイルに対し、REDO ログファイル（アーカイブした REDO ログファイルを含む）を適用する（リカバリする）ことで、コミットされた変更をロールフォワードすることができます。

　変更されたブロックを追跡するのに使用されるのは、Flashback Database ログです。

正解：A、B、C

34

4　Oracle データベースの基本構造

問題 2　　　重要度 ★★★

制御ファイルに格納されている情報として正しいものを 2 つ選びなさい。

☐ A. データファイル名
☐ B. アーカイブ REDO ログファイル名
☐ C. REDO ログファイル名
☐ D. 初期化パラメータファイル名

解説

制御ファイルには、データファイル名および REDO ログファイル名が格納されています。

正解：A、C　☑☑☑

4

問題 3　　　重要度 ★★★

制御ファイルに格納されている情報として正しいものを 3 つ選びなさい。

☐ A. 現行のログ順序番号
☐ B. データベース作成のタイムスタンプ
☐ C. チェックポイント情報
☐ D. SYS の初期パスワード

解説

制御ファイルには、現行のログ順序番号、データベース作成のタイムスタンプ、チェックポイント情報などが格納されています。

インスタンス障害発生時には、これらの情報を基にインスタンス回復が行われます。

正解：A、B、C　☑☑☑

問題 4　　　重要度 ★★★

制御ファイルについて正しい説明を 1 つ選びなさい。

○ A. 制御ファイルの場所と名前は初期化パラメータファイルに記載してあり、NOMOUNT 時に読み込まれる
○ B. 制御ファイルの場所と名前はアラートログファイルに書き込まれ、MOUNT 時に読み込まれる
○ C. 制御ファイルの場所と名前は初期化パラメータファイルに記載してあり、MOUNT 時に読み込まれる

35

練習問題編

○ D. 制御ファイルの場所と名前はアラートログファイルに書き込まれ、OPEN時に読み込まれる

解説

初期化パラメータファイルには、SGA（System Global Area）のサイズおよびバックグラウンドプロセスに関するパラメータや制御ファイルの名前（場所を含む）が記載されています。

インスタンス起動時には、まず初期化パラメータファイルを読み込み、SGAのサイズおよびバックグラウンドプロセスに関する情報を得たうえで、インスタンスを起動し、NOMOUNT状態になります。次に、制御ファイルの名前から制御ファイルを見つけることができればMOUNT状態になり、制御ファイルは読み書き可能な状態になります。

正解：C

問題5 　　　　　　　　　　　　　　　　　　　重要度 ★★★

制御ファイルに関する正しい説明を2つ選びなさい。

☐ A. データベースには少なくとも2つ必要
☐ B. 複数のディスクに多重化する必要がある
☐ C. 現在のデータファイル、REDOログファイルの名前と場所が記録されている
☐ D. 制御ファイルの位置はCONTROL_FILESで指定されている

解説

制御ファイルにはデータファイル名およびREDOログファイル名がフルパスで指定されています（選択肢Cは正解）。また、問題4の解説で触れたように、制御ファイルの位置（場所と名前）はCONTROL_FILES初期化パラメータに指定されています（選択肢Dは正解）。

制御ファイルは多重化する（2つ以上ファイルを用意する）ことが推奨されますが、多重化していなくても通常のデータベース運用に支障が生じるわけではありません（選択肢AとBは不正解）。

正解：C、D

問題6 　　　　　　　　　　　　　　　　　　　重要度 ★★★

REDOログファイルについて正しい説明を1つ選びなさい。

○ A. Oracleデータベースをオープンするためには最低2つのREDOログメンバーが必要である
○ B. REDOロググループを循環式に上書きする
○ C. REDOログメンバーを循環式に上書きする
○ D. グループ内のメンバー数は同じにする必要がある

4　Oracle データベースの基本構造

解説

　Oracle データベースシステムに必要なのは、最低 2 つの REDO ロググループです（選択肢 A は不正解）。REDO ログファイルには、REDO ログバッファに格納されている更新履歴が書き込まれます。LGWR は、同一グループ内の全メンバーに同じ内容を書き込みます。そして、1 つ目の REDO ロググループが満杯になると、次の REDO ロググループに書込み先を切り替えます。最後の REDO ロググループまで書込みが終わると、再び 1 つ目の REDO ロググループを書込み先にします。つまり、循環式に上書きされるのは REDO ロググループであって、REDO ログメンバーではありません（選択肢 B は正解で、C は不正解）。

　グループ内のメンバー数は、通常同じ数にしますが、同じにしなければならないわけではありません（選択肢 D は不正解）。

正解：B　☑☑☑

練習問題編

5 データベース記憶域構造の管理

学習日		
/	/	/

本章の出題範囲の内容は次のとおりです。

- Oracle Enterprise Manager を使用したデータベース記憶域構造の確認
- データベース記憶域構造の作成と管理
- データベースの未使用領域の再利用
- データベースへの変更を元に戻し、データの整合性を保つために使用される構造の管理

重要

本章では、領域管理の基本事項が問われます。「表領域」「セグメント」「エクステント」という論理的な管理単位の関係を正しく把握しておきましょう。表領域の拡張の仕方、UNDO 表領域の管理では、少し実務的な問われ方をするかもしれませんが、冷静に判断すれば正解を導き出すことはできるでしょう。
Enterprise Manager を使用した管理を問われる頻度は低いと思われます。問われたとしても、使用するしないにかかわらず管理のルールや方法は同じなので焦らず正解を導きましょう。

問題 1　　　　　　　　　　　　　　　　　　　　　　　重要度 ★★★

セグメントアドバイザを使用してセグメント内の空き領域を再利用するためのステップとして、正しいものを 1 つ選びなさい。

① 縮小操作を実行する
② セグメントを圧縮する
③ セグメントの分析を行う
④ 空き領域を表領域に戻す

○ A. ①→②→③→④
○ B. ②→③→①→④
○ C. ③→①→②→④
○ D. ④→①→②→③

解説

セグメントアドバイザは、再生可能な領域が存在しているセグメントを識別し、それらのセグメントの断片化を解消する方法について推奨事項を生成します。

そのために、まずセグメントの分析を行い(③)、再生可能な領域があるかどうかを見つけます。再利用可能な領域があることがわかれば、有効なデータをセグメントの前方に集めて縮小し(①)、解放可能な領域を確保します。不要な領域を解放することでセグメントを圧縮し(②)、圧縮したことによって空いた領域を表領域に戻します(④)。その結果、再利用が可能になります。

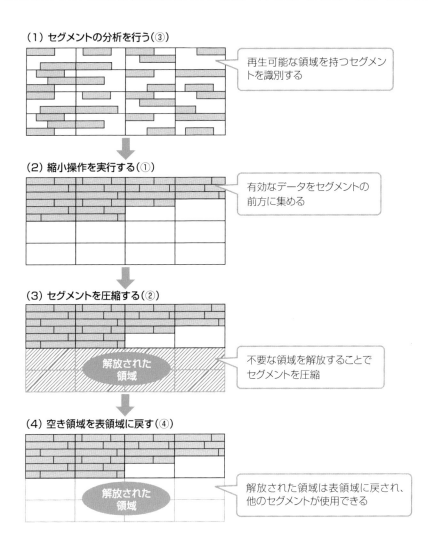

したがって③→①→②→④の順となるので、正解はCです。

正解：C

練習問題編

問題 2　重要度 ★★☆

セグメントアドバイザについて正しいものはどれですか。

○ A. オブジェクトの使用頻度を分析
○ B. オブジェクトの妥当性を検査
○ C. 再利用可能な未使用領域を診断
○ D. 表領域にセグメントが 1 つもないときのみ実行可能

解説

　前問の解説で説明したとおり、セグメントアドバイザは再生可能（再利用可能）な領域が存在しているセグメントを識別し、それらのセグメントの断片化を解消する方法について推奨事項を示してくれる機能です（Cは正解）。

　オブジェクトの使用頻度を分析したり、妥当性を検査するものではありません（A、Bは不正解）。

　また、前述のとおり、セグメントを識別し推奨事項を示してくれる機能ですから、表領域にセグメントが存在していなければ意味がありません。したがって、「表領域にセグメントが 1 つもないときのみ実行可能」（D）は不正解です。

正解：C ☑☑☑

問題 3　重要度 ★★★

次の条件を満たす表領域を作成するときの設定として正しいものを 3 つ選びなさい。

● 後からデータファイルを追加したい
● 表領域がいっぱいになったらデータファイルを自動的に拡張したい
● エクステントの管理は Oracle サーバーに任せたい

☐ A. bigfile 表領域にする
☐ B. ローカル管理にする
☐ C. smallfile 表領域にする
☐ D. AUTOEXTEND ON にする

解説

　表領域にはデータファイルを紐づけますが、データファイルのタイプには bigfile と smallfile の 2 つがあります。bigfile タイプのデータファイルが紐づいている表領域を bigfile 表領域、smallfile タイプのデータファイルが紐づいている表領域を smallfile 表領域と呼ぶ場合があります。

　bigfile 表領域に含まれるのは、1 つのデータファイルまたは一時ファイルのみであり、このファイルには最大約 40 億（2^{32}）ブロックを格納できます。smallfile 表領域は、1022 のデータファイル

40

5 データベース記憶域構造の管理

または一時ファイルを含めることができます。それぞれのファイルは、最大で約400万（2^{22}）のブロックを格納できます。bigfile表領域にはデータファイルを1つしか紐づけることができないため、「後からデータファイルを追加したい」という要件は満たせません。

「表領域がいっぱいになったらデータファイルを自動的に拡張したい」という要件を満たすためには、AUTOEXTENDをONにし、データファイルの自動拡張を有効にします。

DELETEやUPDATEが頻繁に行われる表のエクステントは断片化しやすくなります。ディクショナリ管理表領域を使用すると、エクステントの断片化をDBAが手動で管理しなければいけません。しかし、ローカル管理表領域を使用するとエクステントの空き領域管理はOracleサーバーが行ってくれるため、エクステントは断片化しづらくなります。したがって、「エクステントの管理はOracleサーバーに任せたい」という要件を満たすのはローカル管理表領域です。

正解：B、C、D ☑☑☑

問題4　重要度 ★★★

smallfile表領域のストレージ容量を増やしたい。どの方法が適していますか。

☐ A. 表領域にデータファイルを追加する
☐ B. データファイルのサイズを変更する
☐ C. データファイルを AUTOEXTEND に設定する
☐ D. エクステントとセグメント管理を AUTO にする

解説

前問の解説で説明したように、smallfile表領域は複数のデータファイルから構成することができるため、ストレージ容量を増やしたければデータファイルを追加することができます。あるいは、現在のデータファイルのサイズを大きくすることも有効です。サイズを大きくするには、現在のデータファイルのサイズを手動（SQL文を実行すること）で変更する方法と、自動拡張を有効にする（AUTOEXTEND ON）方法があります。エクステントとセグメント管理を自動にしても、データファイルのサイズが大きくなるのではありません。

正解：A、B、C ☐☐☐

問題5　重要度 ★★★

記憶域についての説明で正しいものはどれですか。

○ A. 1つのセグメントは複数のデータファイルにまたがることができる
○ B. エクステントは複数のデータファイルにまたがることができる
○ C. データファイルは複数の表領域で共有できる
○ D. 表領域は複数のデータベースで共有できる

練習問題編

解説

　表領域は複数のデータファイルが紐づけられており、データファイルはOS上のファイルですので、OSブロックの集まりです。

　実際には、表や索引はデータファイル上に格納されますが、物理的な格納場所を意識しなくてもよいように、表や索引作成時には、表領域名を指定します。表領域内のどのデータファイルにデータを格納するための領域が確保されるのかは、Oracleが自動的に管理します。この表や索引に該当するのが、セグメントです。したがって、表領域には複数のセグメントが格納されます。言い換えると、複数のデータファイルから構成される表領域に格納されるセグメントは複数のデータファイルにまたがることができます（Aは正解）。

　セグメントが作成されるときには、初期領域が割り当てられます。その初期領域を第1エクステントといいます。行を挿入することで第1エクステントはやがて満杯になります。すると追加のエクステント（第2エクステント）が割り当てられ、以降同じことが繰り返されます。

　エクステントは、連続したデータブロックから構成されなければいけないので、1つのエクステントが複数のデータファイルに分割されることはありません（Bは不正解）。ただし、第1エクステントと第2エクステントが異なるデータファイルに格納されていることはありえます。

　なお、表領域は複数のデータベースで共有することはできません（Dは不正解）。また、データファイルも複数の表領域で共有することはできません（Cは不正解）。

正解：A ☑☑☑

問題6　　　　　　　　　　　　　　　重要度 ★★★

　表や索引を格納できるタイプの表領域を1つ選びなさい。

○ A. 永続
○ B. 一時
○ C. UNDO
○ D. ユーザー

解説

　永続とは、表や索引など、ずっとデータを維持し続けるようなデータベースオブジェクトを格納する場合に使用します。

　一時とは、ソート処理などを行うときにメモリー領域に十分に割り当てることができない場合は領域を割り当て、その処理が終われば割り当てた領域を解放するような一時セグメントのみを格納する目的で使用します。

　UNDOは、UNDOセグメント専用の表領域です。

　ユーザーというタイプの表領域はありません。

正解：A ☑☑☑

5 データベース記憶域構造の管理

問題 7
重要度 ★★★

表領域について正しいものはどれですか。

☐ A. ディクショナリ管理表領域をローカル管理表領域に変更できる
☐ B. ローカル管理の永続表領域を一時表領域に変更できる
☐ C. ローカル管理の一時表領域を永続表領域に変更できる
☐ D. ローカル管理表領域をディクショナリ管理表領域に変更できる

解説

表領域には、エクステントの管理方法によってディクショナリ管理とローカル管理の2つのタイプがあります。エクステントの割り当て／解除が行われると、それに伴う領域管理をどこかで行う必要があります。その管理をSYSTEM表領域内のデータディクショナリで行うのがディクショナリ管理、そのエクステントが格納されているデータファイル内で行うのがローカル管理です。

一時表領域はALTER TABLESPACE文を使用して、オフライン化したり一時ファイルを追加したりできますが、永続表領域に変更することはできません。また、永続表領域を一時表領域に変更することもできません。したがって、B、Cは不正解です。

DBMS_SPACE_ADMINパッケージのTABLESPACE_MIGRATE_TO_LOCALプロシージャを使用して、ディクショナリ管理表領域をローカル管理表領域に、TABLESPACE_MIGRATE_FROM_LOCALプロシージャを使用して、ローカル管理表領域をディクショナリ管理表領域に変更することができます。したがって、A、Dは正解です。

正解：A、D ☐☐☑

問題 8
重要度 ★★★

表領域の削除について正しいものを1つ選びなさい。

○ A. 表領域に格納されている表と、その表のディクショナリ情報がデータディクショナリから削除される
○ B. 表領域に格納されている表と、その表に定義されている索引のうち同じ表領域に格納されているものが削除され、異なる表領域に格納されている索引は削除されない
○ C. 表領域に格納されている表にデータが1件でも存在している場合は、表領域削除時にエラーになる
○ D. 表領域に格納されているデータは削除されるが、その表の定義はデータディクショナリに残る

解説

表領域を削除すると、その表領域に格納されていた表は、表の中にデータが存在していようが

43

練習問題編

0件であろうが削除されます。したがって、「表領域に格納されている表にデータが1件でも存在している場合は、表領域削除時にエラーになる」(C) は不正解です。

表が削除されると、表に定義されている索引情報は一緒に削除されます。このとき、表と索引が格納されている表領域が異なっていても同様です。したがって、「表領域に格納されている表と、その表に定義されている索引のうち同じ表領域に格納されているものが削除され、異なる表領域に格納されている索引は削除されない」(B) も不正解です。

表や索引が削除されると、データディクショナリで管理されていたその表や索引の情報も一緒に削除されます。したがって、「表領域に格納されているデータは削除されるが、その表の定義はデータディクショナリに残る」(D) も不正解で、Aが正解となります。

正解：A ☑☑☑

問題9 重要度 ★★★

UNDO アドバイザを使ってわかることはどれですか。

- ☐ A. 最適な保存期間
- ☐ B. 最適な UNDO 表領域のサイズ
- ☐ C. 新しい UNDO 表領域作成のタイミング
- ☐ D. UNDO 表領域を結合するタイミング

解説

UNDO アドバイザは、自動ワークロードリポジトリ (AWR) に収集されたデータに基づいて、最初に次の値を見積もります。

- 最長実行問合せの予想される長さ
- フラッシュバック操作に必要な最長間隔

これにより、読取り一貫性エラーの発生を抑止するのに必要な保存期間を得ることができます。

さらに、これらの値をもとに、UNDO 表領域に必要なサイズを見積もることができます。

UNDO アドバイザを使用しても、新しい UNDO 表領域を作成するタイミングは得られません。アクティブにできる UNDO 表領域は1つだけなので、追加の表領域を作成する必要はありません。また、UNDO 表領域を結合することはありません。

正解：A、B ☑☑☑

44

5　データベース記憶域構造の管理

問題 10　重要度 ★★★

UNDO データについて正しいものはどれですか（3 つ選びなさい）。

- ☐ A. 読取り一貫性で使用される
- ☐ B. 明示的なロールバック要求に備えてロールバックするために使用される
- ☐ C. データ更新の際のトランザクション処理の結果を保存するのに使用される
- ☐ D. リカバリ中にコミットされた変更をロールフォワードするために使用される

解説

Oracle には、UNDO データと REDO データがあり、それぞれの目的は大きく異なります。

UNDO データは変更を元に戻す必要がある場合のために用意されており、目的は次のとおりです。

- ● 読取り一貫性
- ● ロールバック
- ● フラッシュバック

REDO データは、なんらかの理由で変更が失われた場合など、同じ変更をもう一度実行する必要がある場合に必要となります。

「リカバリ中にコミットされた変更をロールフォワードするために使用される」のは、REDO データです。

正解：A、B、C　☑ ☑ ☑

問題 11　重要度 ★★☆

UNDO データについて正しいものはどれですか（2 つ選びなさい）。

- ☐ A. フラッシュバック機能を有効化するのに必要
- ☐ B. フラッシュバックデータベース機能に必要
- ☐ C. データの変更前イメージを格納
- ☐ D. データの変更後イメージを格納

解説

UNDO とは元に戻すこと、REDO とは一度やったことをもう一度行うことを意味します。たとえば「松本」を UPDATE して「小林」にする場合、「松本」に戻すためのデータ（変更前のデータ）が UNDO データ、「小林」に更新するデータ（変更を再現するためのデータ）が REDO データです。したがって C は正解で D は不正解です。

45

練習問題編

UNDOデータは、フラッシュバック問合せやフラッシュバック表の機能を有効化するために必要です。しかし、フラッシュバックデータベース機能はUNDOデータではなく、フラッシュバックログを使用して実現します（Aは正解でBは不正解）。

したがって正解はA、Cです。

正解：A、C ☑☑☑

問題12　重要度 ★★★

UNDOデータとREDOデータについての説明として正しいものを2つ選びなさい。

- ☐ A. UNDOデータは変更を元に戻すため、REDOデータは変更を再構築するために使用される
- ☐ B. REDOデータは変更を元に戻すため、UNDOデータは変更を再構築するために使用される
- ☐ C. UNDOデータにより一貫性のないデータの読取りから保護され、REDOデータによりデータの損失から保護される
- ☐ D. REDOデータにより一貫性のないデータの読取りから保護され、UNDOデータによりデータの損失から保護される

解説

UNDOとは元に戻すこと、REDOとは一度やったことをもう一度行うことを意味します。

したがって、UNDOデータは変更を元に戻すため、REDOデータは変更を再構築するために使用されます（Aは正解でBは不正解）。

UNDOデータの使用目的は、トランザクションのロールバックだけでなく、読取り一貫性を保証することも含みます。読取り一貫性を保証（一貫性のないデータの読取りから保護）するとは、開始した読取り（たとえばSELECT）が最後の行を取り出すまで、読取りを開始した時点のデータを保証することを意味します。

「データの損失から保護される」とは、一度コミットした操作が、たとえばデータファイルの破損という原因により損失した場合でも、コミット後の状態に回復することを意味します。コミット操作前のバックアップファイルをリストアし、REDOデータを使用して回復することが、「REDOデータによりデータの損失から保護される」の意味です。

したがって、Cは正解でDは不正解です。

正解：A、C ☑☑☑

問題13　重要度 ★★★

UNDOデータの使用目的として正しいものを3つ選びなさい。

5 データベース記憶域構造の管理

- ☐ A. 障害発生時、変更後のデータに回復する
- ☐ B. トランザクションロールバック時に変更前データに回復する
- ☐ C. 読取り一貫性を保証する
- ☐ D. フラッシュバック機能を実現する

解説

　UNDOデータとは変更前データのことで、ロールバックデータともいえます。よって、「トランザクションロールバック時に変更前データに回復する」（B）ことはできても、「障害発生時、変更後のデータに回復する」（A）ことはできません。したがって、使用目的としてBは正解ですが、Aは不正解です。

　フラッシュバック機能には、過去の任意の時点の表のデータがどんな値であったかを確認する機能も含まれています。その確認にあたり、現在の表ではデータが変更（INSERT、UPDATE、DELETE）されている場合もあるので、過去の任意の時点の表のデータを問い合わせるためには変更前、つまりUNDOデータが必要です。

　読取り一貫性とは、問合せを開始した時点のデータを問合せが終了するまで保証することをいいます。問合せを開始してから終了するまでの間に、他のユーザーが問合せ中のデータを更新し、コミットすることは可能です。そのため、コミット後のデータではなくコミット前、つまり変更前のUNDOデータを必要とする場合があります。

問合せ開始

SELECT name FROM 社員;

社員表

NO	NAME
1001	田中
1001	鈴木
1001	小川
...	
1922	小林
1923	青木
1924	佐々木

田中
鈴木
小川
...
小林
青木
佐々木

更新処理開始

UPDATE 社員
SET name = '松本'
WHERE no = 1922;

更新処理終了

松本

社員表のno = 1922の
name列の値は松本に
書き変わるため、
問合せを開始した時点の小林
ではなくなってしまう

問合せ終了

読取り一貫性を保証するためUNDOデータから変更前のデータを読み込む

UNDOデータ

小林

正解：B、C、D

47

練習問題編

問題 14　重要度 ★★★

UNDO データの目的として正しいものを 2 つ選びなさい。

- ☐ A. 読取り一貫性の保証
- ☐ B. 高速なトランザクション処理
- ☐ C. フラッシュバック機能の実現
- ☐ D. 同時実行性の向上と排他処理

解説

前問で解説したように、UNDO データは、ロールバックだけでなく読取り一貫性の保証 (A) やフラッシュバック機能の実現 (C) のために使用されます。

読取り一貫性を保証するためには、表セグメントと UNDO セグメントのそれぞれから該当データを取得する必要があります (前問の解説の図参照)。変更前データである UNDO データが存在するからといって、トランザクションが高速に処理されるわけではありません (B は不正解)。また、同時実行性の向上と排他処理を実現するのはロック (LOCK) 機能であり、UNDO データではありません (D は不正解)。

したがって正解は A、C です。

正解：A、C ☑☑☑

問題 15　重要度 ★★☆

読取り一貫性エラーの発生頻度を少なくするために、UNDO 表領域の自動拡張を有効にしました。どのような自動チューニングが行われるのか、次の中から正しい説明を 1 つ選びなさい。

- ○ A. 現行のシステムの負荷に対して、最適な UNDO 保存期間を確保するように自動チューニングされる
- ○ B. システムで最長のアクティブな問合せより、UNDO データの保存期間が長くなるように自動チューニングされる
- ○ C. UNDO 表領域の拡大を防ぐために、UNDO データの保存期間はシステムで最短のアクティブな問合せに合わせるように自動チューニングされる
- ○ D. UNDO 表領域の拡大を防ぐために、UNDO データの保存期間はシステムの平均的な問合せに合わせるように自動チューニングされる

解説

UNDO データが上書きされてしまうと読取り一貫性エラーが発生する可能性が高まります。言い方を変えると、問合せが終了するまで UNDO データを上書きさせなければ、読取り一貫性エ

5 データベース記憶域構造の管理

ラーの発生は防げるということです。

そこで、Oracleシステムは、UNDO表領域の自動拡張が有効になっている場合、「システムで最長のアクティブな問合せよりもUNDO保存期間が長くなるように自動チューニング（UNDOエクステントを循環して上書きしないように、エクステントを追加したりセグメントの数を増やしたりする）」を行い、読取り一貫性エラーの発生頻度を減少させようとしてくれます。したがって正解はBです。

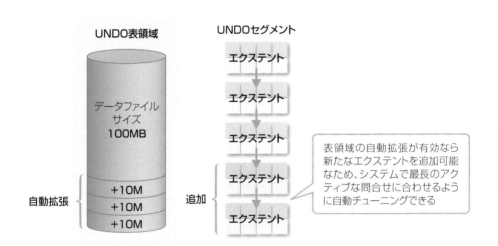

読取り一貫性エラーの発生頻度を少なくするためには、UNDO表領域の拡大は覚悟しなければいけません。したがってCとDは不正解です。

UNDO表領域の自動拡張が無効になっている場合、Oracleシステムは、現行のシステムの負荷に対して、最適なUNDO保存期間を確保するように自動チューニングします。しかし、本問は「UNDO表領域の自動拡張が有効」という前提ですので、Aも不正解です。

正解：B

問題16　重要度 ★★★

セグメントアドバイザを使用して、空き領域をまとめることができるセグメントを分析します。まとめた空き領域について、正しい説明を2つ選びなさい。

- □ A. 空き領域は、ソート処理時に一時セグメントとして使用することができる
- □ B. 空き領域は、他のセグメントで使用できるように表領域に戻すことができる
- □ C. 空き領域は、同一セグメントの今後のデータ挿入に使用することができる
- □ D. 空き領域は、読取り一貫性を保証するために、UNDO表領域の不足時には縮小対象のUNDOデータを保持することができる

練習問題編

解説

セグメントアドバイザは、再生可能な領域が存在しているセグメントを識別し、それらのセグメントの断片化を解消する方法について推奨事項を生成します。

再生可能な領域（空き領域）は、「他のセグメントで使用できるように表領域に戻す」あるいは「同一セグメントの今後のデータ挿入に使用するためにそのままセグメントに残す」の、いずれかを選択できます。したがってB、Cは正解です。

一時セグメントは、一時表領域にしか割り当てられません。UNDOセグメントも、UNDO表領域にしか割り当てられません。また、表は一時セグメントおよびUNDOセグメントには作成できません。よって、表を圧縮してできた空き領域を一時セグメントやUNDOセグメントが再利用することはありません。したがって、A、Dは不正解です。

正解：B、C ☑☑☑

問題 17

重要度 ★★★

UNDO表領域のサイズは500MBで、自動拡張は設定していません。どのような自動チューニングが行われるのか、次の中から正しい説明を1つ選びなさい。

- ○ A. システムで最長のアクティブな問合せより、UNDOデータの保存期間が長くなるように自動チューニングされる
- ○ B. 読取り一貫性エラーの発生頻度を少なくするために、現行システムの最短の問合せより短くなるようにUNDO保存期間が自動チューニングされる
- ○ C. コミット完了後、すぐにUNDOセグメントが再利用されるように、UNDO保存期間が自動チューニングされる
- ○ D. 現行のシステムの負荷に対して、最適なUNDO保存期間を確保するように自動チューニングされる

解説

UNDO表領域の自動拡張が無効になっている場合でも、UNDO保存期間が自動チューニングされます。本問ではどのようにUNDO保存期間が自動チューニングされるかが問われています。

UNDOデータは、読取り一貫性を保証する目的でも使用されるため、コミットされたからといってすぐにUNDOデータを上書きすることはありません（Cは不正解）。

読取り一貫性を保証するためには、問合せが終了するまでUNDOデータを保持する必要があるため、読取り一貫性エラーの発生頻度を少なくするには、現行システムの「最短の問合せ」ではなく、「最長の問合せ」に合わせる必要があります（Bは不正解）。

ただし、現行システムの最長の問合せよりUNDOデータの保存期間を長くするためには、問合せに合わせてUNDOセグメントが拡張できる状態でなければいけません。そのためには、UNDO表領域の自動拡張が有効になっていなければいけません（Aは不正解）。

50

5　データベース記憶域構造の管理

　UNDO表領域の自動拡張が無効になっている場合は、現行のUNDO表領域のサイズの中で、現行システムの同時実行数や問合せの長さなどを考慮した上で、UNDO保存期間が調整される必要があります（Dは正解）。

正解：D ☑☑☑

問題18　　　　　　　　　　　　　　　　　　　　　　　重要度 ★★★

　UNDO表領域に関する説明として次の中から正しいものを選びなさい。

☐ A. 1つのデータベースで複数のUNDO表領域を一度に使用できる
☐ B. 1つのデータベースには、複数のUNDO表領域を作成できる
☐ C. 1つのデータベースにおいて、1つのUNDO表領域だけをアクティブにすることができる
☐ D. 1つのデータベースにおいて、複数のUNDO表領域をアクティブにすることができる

解説

　Oracleインスタンスの稼働中において、UNDO表領域は必ずアクティブでなければいけません。Oracleデータベースには複数のUNDO表領域を作成できますが、アクティブにできるUNDO表領域は1つのOracleデータベースにおいて1つだけです（A、Dは不正解でB、Cは正解）。

　ここで、1つのUNDO表領域しかアクティブにできないのに、なぜ複数のUNDO表領域を作成できるようになっているのか疑問に思うかもしれません。たとえば、Oracleインスタンスを停止せずに、UNDO表領域に紐づいているデータファイルを現行の場所と異なる場所に移動したい場合、次の手順に従います。

（1）現行のUNDO表領域とは別のUNDO表領域を追加作成する
（2）使用するUNDO表領域を、現行のものから新しく作成したUNDO表領域に変更する
（3）新しく作成した表領域がアクティブになり、新規のトランザクションは新しいUNDO表領域を使用する
（4）現行のUNDO表領域を使用していたトランザクションがすべて終了すると、現行のUNDO表領域は削除可能になる

　したがって、Oracleデータベースには一時的に複数のUNDO表領域が存在することになるのです。つまり、（4）の状態になり現行の表領域が削除されるまで、1つのOracleデータベースにおいて一時的に複数のUNDO表領域が存在することが起こりえます。

　したがって正解はB、Cです。

正解：B、C ☑☑☑

51

練習問題編

問題 19

重要度 ★★★

UNDO 保存の保証について正しい説明を 2 つ選びなさい。

☐ A. UNDO 保存の保証を有効にすると、時間のかかる問合せのみ失敗がない
☐ B. UNDO 保存の保証を有効にすると、時間のかかる問合せとトランザクションの失敗がない
☐ C. 終了していないセッションの UNDO データを保持する期間
☐ D. コミットしたトランザクションの UNDO データを保持する期間

解説

「UNDO 保存の保証を有効にする」とは、UNDO_RETENTION 初期化パラメータに UNDO データの保存期間の「下限値」を設定することを意味します。UNDO データは上書きされずに保存されるため、時間のかかる問合せにおいて「スナップショットが古すぎます」エラーの発生は抑止できます。しかし、UNDO 表領域に追加のエクステントを割り当てることができない場合、（エクステントの上書きも追加もできないため）追加エクステントを割り当てる必要があったトランザクションは、「エクステントが割り当てられない」エラーが発生します（A は正解で B は不正解）。

つまり、UNDO 保存の保証を有効にすることによって、時間のかかる問合せエラーは抑止できますが、トランザクションにおいては、UNDO 保存の保証を有効にしない場合に比べてエラーが発生しやすくなる可能性があります。

なお、保証する UNDO データとは、コミットしたトランザクションの UNDO データのことです（C は不正解で D は正解）。

正解：A、D ☑☑☑

問題 20

重要度 ★★☆

AUTOEXTEND OFF にしている UNDO 表領域のデータファイルがあります。フラッシュバック操作を行ったところ、「スナップショットが古すぎるというエラーが発生する」とユーザーから連絡がありました。どのように対応すればよいですか。

○ A. フラッシュバック操作を行っている表のサイズを大きくする
○ B. 保存期間を長くする
○ C. 複数の UNDO 表領域を作成する
○ D. UNDO セグメントのサイズを大きくする

解説

UNDO 表領域は 1 つのデータベースに複数作成できますが、アクティブにできるのは 1 つだけです。したがって、UNDO 表領域を複数作成しても、エラーを抑止する対応にはなりません（C は

52

5 データベース記憶域構造の管理

不正解)。

　フラッシュバック操作はUNDOセグメントに保管されるUNDOデータを使用します。そのため、UNDOセグメントの大きさや使われ方（上書きされるかどうかなど）によって、スナップショットが古すぎるというエラーが発生する場合があります。しかし、フラッシュバック操作を行っている表のサイズを大きくしても、エラーの発生に影響はありません（Aは不正解）。

　また、UNDOセグメントの数や大きさはOracleデータベースが管理しているため、データベース管理者がUNDOセグメントのサイズを大きくすることはできません（Dは不正解）。

　したがって「保存期間を長くする」(B)が正解です。

正解：B

問題 21　重要度 ★★★

Enterprise Managerで確認できることはどれですか（3つ選びなさい）。

- □ A. UNDOセグメントが上書きされた回数
- □ B. 60分以内のUNDOデータ
- □ C. 自動チューニングされたUNDO保存期間
- □ D. UNDO表領域の名前
- □ E. UNDO表領域のサイズ

解説

　次の図のとおり、EM Expressの[UNDO管理]ページでUNDOの構成（自動チューニングされたUNDO保存期間、UNDO表領域の名前およびサイズなど）を確認できます。

正解：C、D、E

練習問題編

問題 22　重要度 ★★★

Enterprise Manager で確認できることはどれですか（3つ選びなさい）。

☐ A. UNDO 生成率
☐ B. UNDO 生成回数
☐ C. UNDO の領域使用量
☐ D. 期限切れの UNDO ブロックを移動するための試行数

解説

次の図のとおり、EM Express の [UNDO管理詳細] ページの下部に、統計情報が表示されます。

- UNDO 生成率：UNDO 生成（KB／秒）
- UNDO の領域使用量：表領域内の領域の使用量
- 失われたアクティビティの内訳：別の UNDO セグメントから期限切れの UNDO ブロックを移動するための試行数と、別のトランザクションから期限切れ前のエクステントを移動して UNDO 領域を取得するための試行数

正解：A、C、D

本章の出題頻度
★★☆☆

練習問題編

6 インスタンスの起動/停止とメモリーコンポーネントの管理

学習日		
/	/	/

本章の出題範囲の内容は次のとおりです。

- Oracle インスタンスの起動および停止
- Oracle インスタンスの構成に使用されるパラメータの表示と変更
- Oracle インスタンスのメモリーコンポーネントの管理

本章では、インスタンスの起動における細かいステップまで問われる場合があります。インスタンスの起動は、「NOMOUNT → MOUNT → OPEN」と大枠だけを覚えておくのではなく、「NOMOUNT は、SGA が割り当てられバックグラウンドプロセスが起動される→MOUNT は、制御ファイルが読み込まれる→OPEN は、REDO ログファイルとデータファイルが読み込まれる」という程度は最低でも理解しておきましょう。

問題 1　重要度 ★★★

データベースを起動するまでの順番で正しいのはどれですか。

① バックグラウンドプロセスの起動
② データファイルの整合性のチェック
③ 制御ファイルの読込み
④ REDO ログファイルの読込み
⑤ 初期化パラメータファイルの読込み
⑥ リカバリセッションの開始
⑦ SGA の割り当て

- A. ⑤→①→⑦→③→②→④→⑥
- B. ⑤→⑦→①→②→④→③→⑥
- C. ⑤→①→⑦→③→④→②→⑥
- D. ⑤→⑦→①→③→④→②→⑥
- E. ⑤→⑦→①→②→③→④→⑥

解説

初期化パラメータファイルには、SGA のサイズや制御ファイルの場所と名前を設定するパラメータが含まれています。インスタンスを起動するには、その情報が必要です。よって、まず初期

55

練習問題編

化パラメータファイルを読み込みます（⑤）。

それにより、インスタンスが起動されます。つまり、SGAが割り当てられ（⑦）、バックグラウンドプロセスが起動します（①）。

初期化パラメータファイルには、制御ファイルの場所と名前は記述されていますが、データファイルとREDOログファイルの場所や名前は記述されていません。初期化パラメータファイルを読み込んだだけでは、データファイルとREDOログファイルを見つけることはできないということです。

データファイルとREDOログファイルの場所と名前は、制御ファイルの中に記録されています。よって、最初に制御ファイルがオープンされます（③）。次にREDOログファイル（④）とデータファイルがオープンされ、データファイルが壊れていないか、つまり制御ファイルやREDOログファイルとの整合性がチェックされます（②）。不整合が生じている（データファイルが壊れている）場合、リカバリセッションが開始します（⑥）。

データベースを起動するまでの順番は次のとおりです。

1. 初期化パラメータファイルの読込み（⑤）
2. SGAの割り当て（⑦）
3. バックグラウンドプロセスの起動（①）
4. 制御ファイルの読込み（③）
5. REDOログファイルの読込み（④）
6. データファイルの整合性のチェック（②）
7. リカバリセッションの開始（⑥）

正解：D ☑☑☑

問題2 　　　　　　　　　　　　　　　　　　　　　重要度 ★★★

インスタンスを起動した後、どのような状態になりますか（2つ選びなさい）。

- ☐ A. MOUNT中にデータファイルの整合性をチェックする
- ☐ B. ユーザーはOPEN状態でデータを問い合わせることができる
- ☐ C. 制御ファイルを読み込んでNOMOUNTになる
- ☐ D. NOMOUNT中にREDOログファイルの整合性をチェックする
- ☐ E. REDOログファイルを読み込んでMOUNTになる

解説

NOMOUNT中に制御ファイルを読み込んでMOUNTになります。MOUNT中に、REDOログファイルとデータファイルを読み込んで整合性をチェックし、問題がなければOPENになります。OPEN状態になると、ユーザーはデータを問い合わせることができます。

正解：A、B ☑☑☑

6　インスタンスの起動／停止とメモリーコンポーネントの管理

問題 3　重要度 ★★★

NOMOUNT、MOUNT 状態で接続できる権限はどれですか。

- ☐ A. SYSDBA
- ☐ B. SYSOPER
- ☐ C. DBA ロール
- ☐ D. AUTHENTICATEDUSER

解説

NOMOUNT、MOUNT 状態で接続できる権限は、SYSDBA および SYSOPER です。

正解：A、B ✓✓✓

問題 4　重要度 ★★★

初期化パラメータファイルについて正しい説明をすべて選びなさい。

- ☐ A. サーバーパラメータファイルは、Oracle データベースによって読込みと書込みが可能である
- ☐ B. テキスト初期化パラメータファイルは、Oracle データベースによって読込みと書込みが可能である
- ☐ C. サーバーパラメータファイルは、初期化パラメータを変更した場合は動的に適用されないので、インスタンスの再起動が必要である
- ☐ D. テキスト初期化パラメータファイルは、初期化パラメータを変更した場合は動的に適用されないので、インスタンスの再起動が必要である

解説

初期化パラメータファイルには、バイナリ形式のサーバーパラメータファイルとテキスト形式のテキスト初期化パラメータファイルの 2 種類があります。

バイナリ形式のサーバーパラメータファイルは、Oracle データベースによって読込みと書込みが可能ですが、テキスト形式のテキスト初期化パラメータファイルは、Oracle データベースによって読込みしか行われません（A は正解で B は不正解）。そのため、エディタなどで編集したテキスト形式のテキスト初期化パラメータファイルの値を適用するには、インスタンスの再起動が必要です。一方、サーバーパラメータファイルの値を適用するにはインスタンスの再起動は不要です（C は不正解で D は正解）。したがって正解は A、D です。

正解：A、D ✓✓✓

57

練習問題編

問題 5　　　　　　　　　　　　　　　　　　　　　　　重要度 ★★★

インスタンスについて正しい説明を1つ選びなさい。

- A. 1つのコンピュータ上に複数のインスタンスを構成することができる
- B. 1つのインスタンスに複数のデータベースファイルを構成することができる
- C. 1つのインスタンスに複数のSGAを構成することができる
- D. 1つのインスタンスを複数のコンピュータに分散させることができる

解説

インスタンスは、1つのSGAとバックグラウンドプロセス群で構成されます。インスタンス内に異なる複数のSGAが含まれることはありません（Cは不正解）。Oracle以外のRDBMS（リレーショナルデータベース管理システム）では、1つのインスタンスに複数のデータベースファイルを構成することができますが、Oracleでは1つのインスタンスには1組のデータベースファイルしか対応付けることはできません（Bは不正解）。

メモリーとディスクに余裕があれば、1つのコンピュータ上に複数のOracleデータベースを構築できます。よって、1つのコンピュータに複数のインスタンスを構成することは可能です（Aは正解）。しかし、1つのインスタンスを複数のコンピュータに分散させることはできません（Dは不正解）。

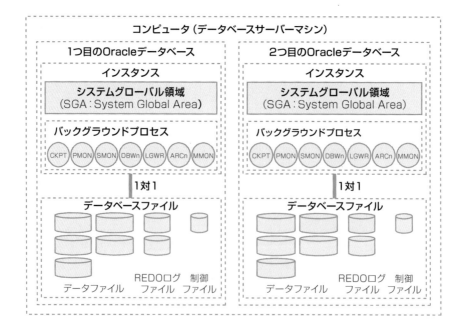

1つのデータベースに対して複数のインスタンスが対応付けられるRAC（Real Application Clusters）という仕組みがありますが、RACは1つのインスタンスが複数のコンピュータに分散されているのではありません。下図のようにそれぞれ別のインスタンスが異なるコンピュータ上に構成され、1つのデータベースに対応付けられています。なお、RACはORACLE MASTER Bronze DBA 12cの試験範囲外です。

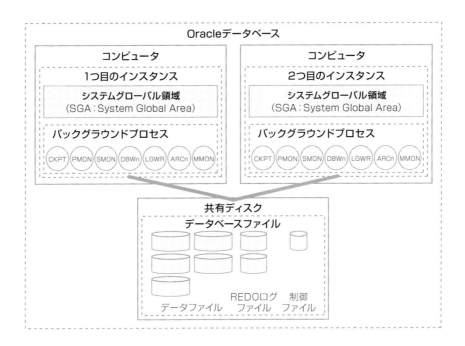

正解：A

問題6　重要度 ★★★

1時間後にデータベースサーバーマシンのメンテナンスを行うことになり、急遽データベースサービスを停止しなければなりません。利用中のユーザーへの影響は最小限に抑えたいため、ユーザーが現在実行しているトランザクションが完了するまで待って、停止する必要があります。インスタンスの停止方法として適切なものを1つ選びなさい。

- A. shutdown abort
- B. shutdown immediate
- C. shutdown transactional
- D. shutdown normal

練習問題編

解説

インスタンス停止には次のオプションがあります。

停止モード	説明
shutdown normal……D shutdown	現在進行中のすべてのセッションが終了するまで待って、停止する
shutdown transactional……C	現在進行中のすべてのトランザクションが完了するまで待って、停止する
shutdown immediate……B	現在進行中のトランザクションをロールバック終了し、チェックポイントを行ってファイルをクローズしたのち、停止する
shutdown abort……A	現在進行中のトランザクションのロールバック、チェックポイントおよびファイルのクローズを行わず、停止する。したがって、次回インスタンスを再起動する際に SMON によりインスタンス回復が行われる

正解：C ☑☑☑

問題7
重要度 ★★★

データベースがオープンされるまでの流れとして、次の①～④を正しい順に並べたものを 1 つ選びなさい。

①SGA が割り当てられ、バックグラウンドプロセスが起動する
②初期化パラメータファイルを読み込む
③制御ファイルがオープンされる
④データファイルと REDO ログファイルがオープンされる

○ A. ①→②→③→④
○ B. ②→①→③→④
○ C. ②→①→④→③
○ D. ①→②→④→③

解説

初期化パラメータファイルには、SGA のサイズや制御ファイルの場所と名前を設定するパラメータが含まれています。インスタンスを起動するには、その情報が必要です。よって、まず初期化パラメータファイルを読み込みます（②）。

それにより、インスタンスが起動されます。つまり、SGA が割り当てられ、バックグラウンドプロセスが起動します（①）。

初期化パラメータファイルには、制御ファイルの場所と名前は記述されていますが、データファイルと REDO ログファイルの場所や名前は記述されていません。初期化パラメータファイルを読

6 インスタンスの起動／停止とメモリーコンポーネントの管理

み込んだだけでは、データファイルとREDOログファイルを見つけることはできないということです。

よって、次に制御ファイルがオープンされ（③）、最後にデータファイルとREDOログファイルがオープンされます（④）。データファイルとREDOログファイルの場所と名前は、制御ファイルの中に記録されています。

したがって②→①→③→④の順となるので、正解はBです。

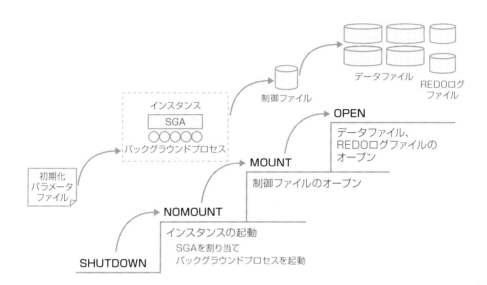

正解：B

問題8　重要度 ★★★

初期化パラメータファイルについて正しい説明を2つ選びなさい。

- □ A. インスタンスが起動されるときに読み込まれる
- □ B. MOUNT時に読み込まれる
- □ C. インスタンス停止時に読み込まれる
- □ D. バイナリ形式とテキスト形式がある

解説

初期化パラメータファイルは、インスタンス起動時に読み込まれるファイルです（Aは正解）。バイナリ形式のサーバーパラメータファイルとテキスト形式のテキスト初期化パラメータファイルの2種類があります（Dは正解）。

MOUNT時に読み込まれるのは、制御ファイルです（Bは不正解）。また、インスタンス停止時には初期化パラメータファイルを必要としません（Cは不正解）。

したがって正解はA、Dです。

正解：A、D

問題9　　重要度 ★★★

自動メモリー管理について正しい説明をすべて選びなさい。

- ☐ A. データベース作成後、デフォルトでは自動メモリー管理が有効になっている
- ☐ B. 自動メモリー管理が有効になっている場合、自動共有メモリー管理も有効になっている
- ☐ C. SGAのターゲットサイズとPGAのターゲットサイズの両方を設定すると、その合計値が自動メモリー管理のターゲットサイズになる
- ☐ D. 自動PGAメモリー管理では、PGAのターゲットサイズを同時に接続しているセッション数で割ったサイズが各サーバープロセスのPGAサイズとして均等に割り当てられる

解説

自動メモリー管理は、Oracle 11gからサポートされた機能です。Oracle 12cでは、データベース作成時にはデフォルトで自動メモリー管理機能が有効になっています（Aは正解）。

自動メモリー管理では、SGAの管理は自動共有メモリー管理を、PGAの管理は自動PGAメモリー管理機能を使用します（Bは正解）。そのうえで、SGA全体のサイズとPGA全体のサイズも自動調整してくれます。

自動メモリー管理は、MEMORY_TARGET初期化パラメータを使用してサイズを指定します（Cは不正解）。自動メモリー管理および自動PGAメモリー管理において、PGAの自動調整とは、PGAのターゲットサイズを同時に接続しているセッション数で割ったサイズが各サーバープロセスのPGAサイズとして均等に割り当てられることではありません。それぞれのサーバープロセスの利用状況に合わせたPGAサイズが割り当てられます（Dは不正解）。

したがって正解はA、Bです。

正解：A、B

問題10　　重要度 ★★★

自動メモリー管理を使用する場合に管理者が設定できるサイズはどれですか。1つ選びなさい。

- ○ A. SGAのサイズのみ設定できる
- ○ B. PGAのサイズのみ設定できる
- ○ C. SGAとPGAのサイズをそれぞれ設定できる

6 インスタンスの起動／停止とメモリーコンポーネントの管理

○ D. SGA と PGA の合計サイズを設定できる

解説

自動メモリー管理では、SGA と PGA の合計サイズを設定できます。したがって正解はDです。

SGA のサイズを設定できるのは自動共有メモリー管理の場合です。また、PGA のサイズを設定できるのは自動 PGA メモリー管理の場合です。

正解： D

問題 11 　重要度 ★★★

次を見て正しいものを 1 つ選びなさい。

```
NAME                           TYPE         VALUE
------------------------------ ------------ -------------
memory_max_target              big integer  1584M
memory_target                  big integer  1584M
sga_target                     big integer  0
pga_aggregate_target           big integer  100M
```

○ A. SGA と PGA が自動調整される
○ B. SGA と PGA は手動で管理する
○ C. PGA のみ自動調整される
○ D. SGA のみ自動調整される

解説

memory_target 初期化パラメータに値が設定されていることから、自動メモリー管理が有効であることがわかります。したがって、「SGA と PGA が自動調整される」（A）が正解です（B は不正解）。

pga_aggregate_target 初期化パラメータに設定されている値は自動調整時に、下限値として使用されるだけであって、「PGA のみ自動調整される」（C）または「PGA だけが手動調整しなければいけない（SGA のみ自動調整される）」（D）のではありません。

正解： A

7 ユーザーおよびセキュリティの管理

練習問題編

学習日

本章の出題範囲の内容は次のとおりです。

- ユーザーの作成および管理
- ユーザーがデータベース操作を実行するための権限の付与
- ロールの作成および管理

重要 本章では、ユーザー作成、変更、削除に関して重点的に問われる傾向にあります。プロファイルも細かく問われますので、日数や回数など正確に覚えておきましょう。

問題1　重要度 ★★★

次のSQL文を実行したところエラーになりました。

```
SQL> DROP USER scott ;
DROP USER scott
*
ERROR at line 1:
ORA-01922: CASCADE must be specified to drop 'SCOTT'
```

エラーになる原因はどれですか。

- A. オブジェクトを所有している
- B. ユーザーが現在接続中である
- C. 同じユーザー名が複数ある
- D. アカウントロック中である

解説

削除対象のユーザーが現在接続中の場合、次のエラーになります。

```
SQL> drop user scott;
drop user scott
*
行1でエラーが発生しました。:
ORA-01940: 現在接続中のユーザーを削除することはできません。
```

7　ユーザーおよびセキュリティの管理

よって、設問のエラーの原因は「ユーザーが現在接続中である」ではありません。

そもそも同じユーザー名のユーザーは作成できませんので、設問のエラーの原因は「同じユーザー名が複数ある」ではありません。

アカウントロック中でも、該当ユーザーがオブジェクトを所有していなければ、削除できます。よって、「アカウントロック中である」は正解ではありません。

設問のエラーは、削除対象のユーザーがオブジェクトを所有しているからです。オブジェクトを所有しているユーザーを削除する場合は、次のとおりです。

```
SQL> drop user scott cascade;

ユーザーが削除されました。
```

なお、解説では日本語のエラーメッセージを使用しましたが、出題は英語のメッセージが表示されていると思いますので、英語のメッセージにも慣れておきましょう。

本問題に関連して、問題10の解説も参照してください。

正解：A ☑ ☑ ☑

問題2　重要度 ★★★

ユーザー作成時に設定できるものはどれですか（3つ選びなさい）。

- ☐ A. 認証方式
- ☐ B. プロファイル
- ☐ C. デフォルト表領域
- ☐ D. ログイン権限
- ☐ E. データベースロール

解説

ユーザー作成の構文は次のとおりです。

```
CREATE USER ユーザー名
IDENTIFIED 認証方式
DEFAULT TABLESPACE 永続表領域名
TEMPORARY TABLESPACE 一時表領域名
QUOTA サイズ ON 表領域
PROFILE プロファイル名
PASSWORD EXPIRE
ACCOUNT LOCK / UNLOCK
```

65

ログイン権限を含むすべての権限およびデータベースロールの付与は、ユーザー作成とは別にGRANTコマンドを使用して行います。

正解：A、B、C

問題3　重要度 ★★★

```
ALTER USER scott ACCOUNT LOCK;
```

上記の SQL を実行した結果について正しいものはどれですか。

- A. このユーザーのオブジェクトにアクセス権限を持つ他のユーザーは、アクセスできる
- B. このユーザーは、アクセス権がある他のユーザーのオブジェクトにアクセスできる
- C. パスワードが期限切れとなり、次回ログイン時にパスワードの変更が求められる
- D. このユーザーは二度とログインできない

解説

アカウントロック（ACCOUNT LOCK）されると、ロックされている間このユーザーはデータベースにログインできません。また、他のユーザーが所有するオブジェクトに対してアクセス権を付与されていたとしても、ログインできないためアクセスはできません（Bは不正解）。

アカウントロックはユーザーの削除とは異なるので、アカウントロックされている間でも、他のユーザーはこのユーザーが所有するオブジェクトにアクセスできます（Aは正解）。また、アカウントロックが解除されれば、このユーザーはデータベースにログインすることができます（Dは不正解）。パスワード切れとは異なるため、次回のログイン時にパスワードの変更を要求されることはありません（Cは不正解）。

正解：A

問題4　重要度 ★★★

```
CREATE USER scott
IDENTIFIED BY tiger
DEFAULT TABLESPACE sales_tbs
TEMPORARY TABLESPACE temp
QUOTA 50M ON sales_tbs
QUOTA 5M  ON ship_tbs
PROFILE DEFAULT
PASSWORD EXPIRE;
```

7　ユーザーおよびセキュリティの管理

　上記の SQL を実行した結果について、正しいものはどれですか（2 つ選びなさい）。

☐　A. sales_tbs と ship_tbs に表を作成できる
☐　B. temp にクオータ設定がないためディスクソートが正常に実行できない
☐　C. プロファイルの名前を指定していないため、文は正常に実行できない
☐　D. ユーザーは初回ログイン時にパスワード変更が求められる

解説

　QUOTA は、使用可能なサイズを指定することで、その表領域に表や索引を作成することができます。

　DEFAULT TABLESPACE は、表や索引を作成するときに、QUOTA で定義した中の表領域名を明記しなかったときに省略時解釈値として使用する表領域を指定します。DEFAULT 表領域も、QUOTA でサイズを指定しなければ、使用可能なサイズは 0 バイトです（つまり表や索引を作成できない）。

　しかし、TEMPORARY TABLESPACE は使用可能なサイズに上限を設けないため、QUOTA でサイズを指定する必要はありません。よって、ディスクソートが正常に行われないという事態は発生しません。

　プロファイルには、「DEFAULT」という名前のプロファイルが存在します。設問では PROFILE の名前を指定していないのではありません。「DEFAULT」という名前のプロファイルを指定しています。なお、プロファイル名の指定を省略すると「DEFAULT」プロファイルが割り当てられます。

　PASSWORD EXPIRE はパスワードの期限切れを設定し、次回のログイン時にパスワードの変更を要求します。

正解：A、D　☐ ☐ ☑

問題 5　　　　　　　　　　　　　　　重要度 ★ ★ ★

　ユーザーを作成するときの説明として正しいものを選びなさい。

○　A. デフォルト表領域を指定しないとエラーになる
○　B. 一時表領域を指定しないとエラーになる
○　C. UNDO 表領域を指定しないとエラーになる
○　D. デフォルト表領域と一時表領域は、指定しないとデフォルトが指定される

解説

　ユーザー作成時には、次の表領域の指定をします。

練習問題編

表領域	説明	省略時
デフォルト表領域	オブジェクトの作成時に明示的に表領域が指定されていない場合に使用する表領域	「データベースのデフォルト表領域」が割り当てられる
一時表領域	データのソート処理に使用される表領域	「データベースのデフォルト一時表領域」が割り当てられる

したがってA、Bは不正解です。

なお、ユーザーの作成時にUNDO表領域は指定しません（Cは不正解）。

したがって正解はDです。

正解：D ☑☑☑

問題6　　　　　　　　　　　　　　　重要度 ★★★

　ユーザー作成について正しい説明を1つ選びなさい。

○ A. ユーザー名の先頭は文字でなければいけない
○ B. ユーザー名は大文字／小文字が区別される
○ C. ユーザー名は文字と数字を混在させる必要がある
○ D. ユーザー名は文字、数字、すべての記号も含めて使用することができる

解説

　ユーザー名はOracleの命名ルールに従う必要があります。Oracleの命名ルールは次のとおりです。

- 使用可能な文字は文字列、数字および_（アンダースコア）、$、#（Dは不正解）
- 先頭は文字で始める（Aは正解）
- 大文字／小文字の区別はない（Bは不正解）

　Oracleのオブジェクトは、小文字で作成してもデータディクショナリで管理されている情報を検索すると大文字で表示されます。しかし、使用時に大文字／小文字が区別されることはありません（Bは不正解）。また、ユーザー名に文字と数字を混在させる必要はありません（Cは不正解）。

　したがって、正解はAです。

正解：A ☑☑☑

7　ユーザーおよびセキュリティの管理

問題7　重要度 ★★★

パスワードポリシーを定義するのはどれですか。

○ A. システム権限
○ B. オブジェクト権限
○ C. ロール
○ D. プロファイル

解説

パスワードポリシーを定義するのはプロファイルです。

システム権限は、データベースに対する操作を許可するためにユーザーに付与します（例：表を作成してよい）。

オブジェクト権限は、データベースオブジェクトに対する操作を許可するためにユーザーに付与します（例：表を検索してよい）。

ロールは、権限をグループにしたものです。

正解：D

問題8　重要度 ★★★

Oracle のユーザープロファイルで設定できるものを3つ選びなさい。

☐ A. パスワードの最大文字数
☐ B. パスワードの有効期間
☐ C. パスワードの有効期間内に有効期間が終了することを警告する日数
☐ D. パスワードを再利用できるようになるまでの変更回数

解説

Oracle では、パスワードの有効期間や文字数制限などのパスワードポリシーをユーザープロファイルで設定します。ユーザープロファイルで設定できるパスワードポリシーは、次の表のとおりです。

パラメータ	デフォルト値	説明
FAILED_LOGIN_ATTEMPTS	10	アカウントがロックされる前に、そのアカウントへのログイン失敗が許される回数
PASSWORD_GRACE_TIME	7	パスワードの有効期間が終了した後、警告は出されるが、ログインしてパスワードを変更することが許可される猶予期間の日数
PASSWORD_LIFE_TIME	180	パスワードの有効期間（日数）

（※表は続く）

69

パラメータ	デフォルト値	説明
PASSWORD_LOCK_TIME	1	FAILED_LOGIN_ATTEMPTS に指定された回数連続してログインに失敗した場合、アカウントがロックされる日数
PASSWORD_REUSE_MAX	UNLIMITED	パスワードを再利用できるようになるまでの変更回数
PASSWORD_REUSE_TIME	UNLIMITED	パスワードを再利用できるようになるまでの日数

「パスワードの有効期間内に有効期間が終了することを警告する日数」(C)をユーザープロファイルで設定することはできません。

正解：A、B、D

問題 9

重要度 ★★★

デフォルトプロファイルのパスワードポリシーについて正しいのはどれですか。

- □ A. 180 日で期限切れとなり、期限切れした後の最初のログインから 7 日間で失効する
- □ B. ユーザーにはデフォルトのパスワードポリシーが割り当てられる
- □ C. 5 回ログインを失敗すると 1 日ロックされる
- □ D. 5 回ログインを失敗するとパスワードが失効する

解説

デフォルトプロファイルのパスワードポリシーは前問の解説のとおりです。
「5 回ログインを失敗すると 1 日ロックされる」ではなく、正しくは「FAILED_LOGIN_ATTEMPTS に指定された回数（省略時解釈値 10 回）連続してログインに失敗すると 1 日ロックされる」です。

正解：A、B

問題 10

重要度 ★★★

退職者が出たため、その人が使用していた Oracle のデータベースアカウント（ユーザー）を削除することになりました。次の中から正しい説明を 1 つ選びなさい。

- ○ A. アカウントを削除するとそのユーザーが作成した表も削除される
- ○ B. アカウントを削除するとそのユーザーが作成した表の所有者は SYSTEM に変更される
- ○ C. アカウントを削除するとそのユーザーが作成したデータは削除されるが、表の定義は削除されない
- ○ D. アカウントを削除するとそのユーザーが作成した索引とビューは削除されるが、表は削除されない

7 ユーザーおよびセキュリティの管理

解説

　表や索引などのスキーマオブジェクトを所有するユーザーは、オプションを指定して削除します。オプションを指定してユーザーを削除すると、ユーザーが所有するスキーマオブジェクトも一緒に削除されます。したがって正解はAです。

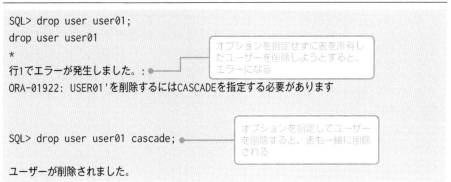

実行例：表を所有した USER01 を削除する

　表や索引だけを残し、ユーザーだけを削除することはできません（C、Dは不正解）。
　自動的に所有者がSYSTEMに変更されることもありません（Bは不正解）。

正解：A

問題 11　重要度 ★★★

　検証用に作成した「TEST」ユーザーを削除し忘れていることがわかったため、削除しようとしましたが、エラーが発生しました。理由として考えられることを1つ選びなさい。

- A.「TEST」ユーザーがデータベースに接続中であった
- B. ユーザー削除時にオプションを指定しても、表にデータが存在している場合は削除できない
- C. ユーザーの削除は自分自身で行わなければいけないのに、他のデータベースアカウントを使用して「TEST」ユーザーの削除を実行しようとした
- D. ユーザーの削除は、SYS または SYSTEM 以外のユーザーがデータベースに接続しているときには実行できない

解説

　削除対象となるユーザーがデータベースに接続している場合、そのユーザーを削除することはできません。

練習問題編

```
SQL> drop user user01;
drop user user01
      *
行1でエラーが発生しました。:
ORA-01940: 現在接続中のユーザーを削除することはできません。
```

> 削除対象となるユーザーがデータベースに接続している場合、そのユーザーは削除できない

したがって正解はAです。

Cの記述のように、「ユーザーの削除は自分自身で行わなければならない」のだとすると、データベースに接続中である自分を削除しなければならないことになります。データベース接続中のユーザーは削除できないわけですから、ユーザーを削除するシステム権限が付与されていたとしても、削除対象のユーザーでデータベースに接続して、そのユーザーを自分自身で削除することはできません。

また、削除対象のユーザー以外がデータベースに接続中であっても、ユーザーの削除を行うことは可能です（Dは不正解）。

表にデータが存在しているか否かにかかわらず、表を所有しているユーザーを、オプションを指定せずに削除しようとするとエラーになります。しかし、CASCADEオプションを指定すれば表を（データの有無にかかわらず）所有しているユーザーは削除できます（Bは不正解）。

正解：A ☑☑☑

問題12

重要度 ★★★

　販売管理システムの表の設計と作成を担当したSCOTTさんが退職することになりました。アカウントが不正使用されないようにSCOTTユーザーを削除したいのですが、販売管理システムは現在稼働しているため、表は削除したくありません。最適な処置を次の中から選びなさい。

○ A. 表のバックアップを取得しておき、ユーザーを削除した後、バックアップしておいた表を新たなユーザーにコピーする

○ B. SCOTTさんには「ユーザーは削除した」と伝え、実際には表を残しておくためにSCOTTユーザーは削除せずにそのまま使用する

○ C. SCOTTユーザーのパスワードを期限切れにし、アカウントをロックする

○ D. SCOTTユーザーを削除しても、SCOTTユーザーが作成した表は削除されないので心配ない

解説

　使用する人が存在しないのにアカウント（ユーザー）だけ残しておくのは、不正アクセスなどの危険な状況を招くため、セキュリティ上好ましくありません。しかし、ユーザーを削除すると、そのユーザーが所有していた表なども一緒に削除されてしまいます。

72

7 ユーザーおよびセキュリティの管理

したがって、「SCOTTさんには『ユーザーは削除した』と伝え、実際には表を残しておくためにSCOTTユーザーは削除せずにそのまま使用する」(B) と「SCOTTユーザーを削除しても、SCOTTユーザーが作成した表は削除されないので心配ない」(D) は不正解です。

「表のバックアップを取得しておき、ユーザーを削除した後、バックアップしておいた表を新たなユーザーにコピーする」(A) ことも可能ですが、表の所有者が変わるとその表にアクセスするための権限やプログラムの修正が必要になります。そのため、Aは最善策とはいえません。

ユーザーのパスワードを期限切れにしてアカウントをロックすると、そのユーザーではデータベースにログインすることができなくなるため、そのユーザーを使用した不正アクセスのリスクはなくなります。また、ユーザーを削除したわけではないので、そのユーザーが所有する表は今までどおり使用することができます。

したがって正解はCです。

正解：C ☑☑☑

問題 13　　　　　　　　　　　　　　　　　　　重要度 ★★★

オブジェクト権限について正しい記述を 2 つ選びなさい。

- ☐ A. オブジェクトの所有者とデータベース管理者が付与することができる
- ☐ B. データベース管理者はオブジェクトの所有者からオブジェクトに対する権限を取り消すことができる
- ☐ C. オブジェクトの所有者、または所有者から付与権限を与えられたユーザーのみが付与できる
- ☐ D. オブジェクトの所有者にはオブジェクトに対するすべての権限が自動的に付与される

解説

オブジェクトの所有者にはオブジェクトに対するすべてのオブジェクト権限が自動的に付与されています。したがってDは正解です。

また、データベース管理者には、「ANY TABLE」システム権限が含まれたDBAロールが与えられています。「ANY TABLE」システム権限には、「SELECT ANY TABLE（データベース上のすべての表に対してSELECTできる権限）」「UPDATE ANY TABLE（データベース上のすべての表に対してUPDATEできる権限）」などがあります。

よって、データベース管理者は、データベース上のすべてのスキーマオブジェクトにSELECTやUPDATEを行うことができます。しかし、オブジェクトに対するオブジェクト権限を付与したり取り消したりすることができるのは、オブジェクトの所有者と「WITH GRANT OPTION」付きでオブジェクト権限を付与されたユーザーだけです（A、Bは不正解）。

なお、「WITH GRANT OPTION」付きでオブジェクト権限を付与されたユーザーは、権限を付与されたオブジェクトに対するオブジェクト権限を他のユーザーに付与することができます（Cは

正解)。

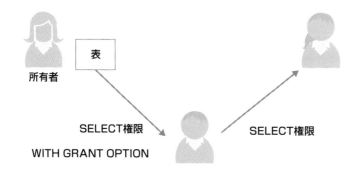

正解：C、D

問題 14　重要度 ★★★

システム権限が必要なものはどれですか。

- A. データベースへのログイン
- B. 他のスキーマの表の構造の変更
- C. 他のスキーマのストアドプロシージャの実行
- D. 自スキーマの表の行データを、他のスキーマの表の行データとして挿入

解説

「データベースへのログイン」をするためには、CREATE SESSION システム権限が必要です (Aは正解)。「他のスキーマの表の構造の変更」を行うためには、他のスキーマ表に対するALTER オブジェクト権限が必要です (Bは不正解)。

「他のスキーマのストアドプロシージャの実行」をするためには、他のスキーマのストアドプロシージャに対する EXECUTE オブジェクト権限が必要です (Cは不正解)。

「自スキーマの表の行データを、他のスキーマの表の行データとして挿入」するためには、他のスキーマの表に対する INSERT オブジェクト権限が必要です (Dは不正解)。

したがって正解はAです。

正解：A

問題 15　重要度 ★★★

商品マスタを管理している管理部では、営業部には商品の販売価格を検索させてもよいが、仕入れ価格は検索させたくないと考えています。適切な対応を1つ選びなさい。

7　ユーザーおよびセキュリティの管理

○ A. 商品マスタ表に対して、仕入れ価格を含まないビューを作成し、営業部にはその
　　　ビューに対するSELECTのオブジェクト権限を付与する
○ B. 商品マスタ表に対して、仕入れ価格以外の列に対するSELECTのオブジェクト権
　　　限を付与する
○ C. 商品マスタ表に対して、仕入れ価格を含まないビューを作成し、営業部にはその
　　　ビューと商品マスタ表の両方に対するSELECTのオブジェクト権限を付与する
○ D. 商品マスタ表に対して、仕入れ価格を含まないビューを作成し、営業部には商品
　　　マスタ表に対するSELECTのオブジェクト権限を付与する

解説

　オブジェクト権限は、UPDATEとINSERTについては列を指定することができますが、SELECT
については列を指定することはできません。そのため、検索させたくない列を除いたビューを作成し、
そのビューに対するSELECTのオブジェクト権限を付与する必要があります。このとき、ビュー
のもととなる表に対するオブジェクト権限を付与する必要はありません。
　したがってB、C、Dは不正解で、Aが正解です。

正解： A ☑☑☑

問題 16　　　　　　　　　　　　　　　　　　　　　重要度 ★★★

　次の中から正しい説明を2つ選びなさい。

□ A. SYSDBA権限は、データベース管理者用の権限でありDBAロールと同意である
□ B. SYSDBA権限はSYS以外に付与することはできない
□ C. SYSDBA権限には、インスタンスの起動／停止操作が含まれる
□ D. SYSユーザーには、デフォルトでSYSDBA権限が付与されている

解説

　SYSDBA権限は、インスタンスの起動／停止やバックアップおよびリカバリ操作が含まれる特
別な権限です。デフォルトではSYSユーザーに付与されています（C、Dは正解）。
　DBAロールには、ユーザー作成や表領域作成など一般的なデータベース管理操作は含まれて
いますが、インスタンスの起動／停止やバックアップおよびリカバリ操作は含まれていません（Aは
不正解）。また、デフォルトではSYSユーザーにSYSDBA権限が付与されていますが、SYS以外
のユーザーに付与することも可能です（Bは不正解）。
　したがって正解はC、Dです。

正解： C、D ☑☑☑

練習問題編

問題 17　重要度 ★★★

　SH ユーザーが所有している sales_history 表に対する SELECT オブジェクト権限を sales ロールに付与し、このロールを SCOTT に付与しました。SCOTT ユーザーには、SH から sales_history 表に対する SELECT オブジェクト権限も付与されていました。そこで、SH から付与されていた sales_history 表に対する SELECT オブジェクト権限は取り消しました。次の中から正しい説明を 1 つ選びなさい。

○ A. SH から付与されていた sales_history 表に対する SELECT オブジェクト権限が取り消されたので、SCOTT は sales_history 表への検索はできなくなる

○ B. sales ロールには、SH が所有する sales_history 表に対する SELECT オブジェクト権限が含まれているので、SCOTT は sales_history 表への検索ができる

○ C. SCOTT に付与されていた sales_history 表に対する SELECT オブジェクト権限が取り消されると、sales ロールに付与された sales_history 表に対する SELECT オブジェクト権限は、SCOTT においては無効になってしまうので、SCOTT は sales_history 表への検索はできなくなる

○ D. sales ロールには、sales_history 表に対する SELECT オブジェクト権限が含まれているので、SCOTT から sales_history 表に対する SELECT オブジェクト権限を取り消すことはできない

解説

　ユーザーに付与していた権限を取り消したからといって、ロールに付与されていた同じ権限が取り消されることはありません。また、取り消し自体がエラーになることもありません。したがってC、Dは不正解です。

　SHから付与されていたsales_history表に対するSELECTオブジェクト権限が取り消されても、SCOTTにはsalesロールが付与されており、salesロールにはsales_history表に対するSELECTオブジェクト権限が含まれていますので、SCOTTはsales_history表に対して検索を行うことができます。したがってAは不正解で、Bが正解です。

正解：B ☑☑☑

問題 18　重要度 ★★★

　次のコマンドを実行した場合についての記述として正しいものを選択しなさい。

```
sqlplus /nolog
```

○ A. ユーザー名を指定していないのでエラーとなる

○ B. サーバー上で実行した場合は実行できるが、クライアントマシン上ではエラーと

7 ユーザーおよびセキュリティの管理

> なる
> ○ C. データベースが起動していても停止していても実行される
> ○ D. ユーザー名は OS にログインしているアカウントが継承され、パスワードを nolog
> として接続できる

解説

「sqlplus /nolog」コマンドは、SQL*Plus を起動するコマンドです。エラーにはなりません（A は不正解）。データベースには接続していないため、接続先が起動していてもしていなくてもかまいません（C は正解）。

また、SQL*Plus がインストールされていれば、サーバー上、クライアント上のどちらでも実行できます（B は不正解）。

データベースに対して何か処理（SQL 文の実行など）をしたければ、データベースに接続する必要があります（D も不正解）。

正解：C

問題 19　　重要度 ★★★

複数のユーザーに複数の権限を付与するにあたり、権限の管理を簡素化するために使用されるものを 1 つ選びなさい。

○ A. プロファイル
○ B. ロール
○ C. アラート
○ D. ビュー

解説

ロール（B）は権限をグループ化したものであり、さまざまなレベルのデータベースアクセス権を作成するために使用できます。たとえば、データベース管理を行うユーザーグループ用のロール、表およびプログラムを作成できるアプリケーション開発者用のロールといったように、ユーザーの役割別に権限のグループであるロールを作成することができます。したがって正解は B です。

プロファイル（A）はパスワード管理に関する設定を行うもの、アラート（C）は障害やしきい値を超えたイベントなどに対する警告なので、A、C は不正解です。また、ビュー（D）を作成することで表に対してアクセス可能な行や列を制限することはできますが、権限の管理を簡素化することとは意図が異なるため、D も不正解です。

正解：B

練習問題編

8 データベースの監視とアドバイザの使用

学習日		
/	/	/

本章の出題範囲の内容は次のとおりです。

- Oracle 自己監視アーキテクチャの説明
- パフォーマンスアドバイザを使用したデータベースパフォーマンスの最適化

本章では、AWR、ADDM、SQL チューニングアドバイザが中心に問われるでしょう。メモリーチューニングに関しては、初期化パラメータの設定値を見て、自動メモリー管理中か自動共有メモリー管理中か判断するような問題も出題されるかもしれません。基本をしっかり復習してのぞみましょう。

問題 1 重要度 ★★★

ADDM 分析を 30 分間隔で行いたい。どのようにしますか。

- A. AWR スナップショットの取得を 30 分間隔にする
- B. ADDM メトリックしきい値に 30 分と設定する
- C. 自動タスクスケジューリングを作成する
- D. ADDM の起動を 30 分間隔にする

解説

　ADDM は、AWR スナップショット取得後に実行されます。よって、AWR スナップショットの取得を 30 分間隔に設定すれば、ADDM の診断／分析は 30 分間隔になります（A は正解）。ADDM の起動を個別に設定することはできません（D は不正解）。

　ADDM は、Oracle データベース自身の診断をするため CPU 時間やメモリー使用量などに対してメトリックを設定し、情報を収集し分析します。ADDM 自体にメトリックを設定するということはありません（B は不正解）。

　前述のとおり、ADDM は AWR スナップショット取得後に実行されますので、タスクスケジューリングする必要はありません（C は不正解）。

正解：A

8 データベースの監視とアドバイザの使用

問題2　重要度 ★★★

MEMORY_TARGET に関して、正しい説明はどれですか。

- ○ A. SGA および PGA の現在のサイズの合計未満に設定する必要がある
- ○ B. MEMORY_MAX_TARGET の値以下に設定する必要がある
- ○ C. 0 に設定するとエラーになる
- ○ D. 実メモリー以上に設定する必要がある

解説

MEMORY_TARGET には、Oracle システム全体の使用可能なメモリーを指定します。

Oracle は、MEMORY_TARGET に設定したサイズに応じて SGA および PGA を削減または増大し、メモリーチューニングします。

MEMORY_TARGET は、SGA および PGA の現在のサイズの合計以上で、MEMORY_MAX_TARGET 以内に設定する必要があります。

デフォルト値として、0 が設定されています。実メモリー以上に設定すると仮想メモリーを使用しなければいけなくなり、パフォーマンスが劣化しますので、実メモリー以下に設定することをおすすめします。

正解：B ☑ ☑ ☑

問題3　重要度 ★★★

初期化パラメータを次のとおり設定しています。

```
MEMORY_TARGET=1000M
SHARED_POOL_SIZE=250M
```

正しい説明はどれですか。

- ○ A. 共有プールの下限値が 250M に設定される
- ○ B. 共有プールの上限値が 250M に設定される
- ○ C. 共有プールが 250M に固定される
- ○ D. エラーになる

解説

MEMORY_TARGET に設定した値の範囲で、SGA および PGA を削減または増大し、メモリーチューニングします。

SHARED_POOL_SIZE に 250MB と設定することにより、メモリーチューニングのために共有プールを削減する必要が生じても、250MB より小さくすることはありません。

練習問題編

つまり、共有プールの下限値が 250MB になります。

正解：A ☑☑☑

問題 4　　　　　　　　　　　　　　　　　　　　　重要度 ★★★

次のコマンドを実行しました。

```
ALTER SYSTEM SET PGA_AGGREGATE_TARGET=100M;
```

正しい説明はどれですか。

○ A. すぐに 100M が設定される
○ B. 1 時間後に 100M が設定される
○ C. インスタンスの再起動時に 100M が設定される
○ D. 静的パラメータのためエラーとなる

（解説）

初期化パラメータには、インスタンス起動中に設定値を変更できる動的パラメータと、インスタンス再起動時にのみ反映される静的パラメータがあります。

PGA_AGGREGATE_TARGET は動的パラメータなので、次のとおり指定した値はすぐに設定されます。

```
--  現在の設定値を確認
SQL> show parameter PGA_AGGREGATE_TARGET

NAME                           TYPE          VALUE
----------------------------   -----------   -----------------
pga_aggregate_target           big integer   0

--  設問のコマンドを実行
SQL> ALTER SYSTEM SET PGA_AGGREGATE_TARGET=100M;

システムが変更されました。

--  実行後の設定値を確認
SQL> show parameter PGA_AGGREGATE_TARGET

NAME                           TYPE          VALUE
----------------------------   -----------   -----------------
pga_aggregate_target           big integer   100M
```

80

8　データベースの監視とアドバイザの使用

正解：A　☑☑☑

問題5　　　　　　　　　　　　　　　　　　　　　　　　　　　重要度 ★★★

次のコマンドを実行しました。

```
ALTER SYSTEM SET SGA_MAX_SIZE=1G;
```

正しい説明はどれですか。

- ○ A. すぐに 1G が設定される
- ○ B. 1 時間後に 1G が設定される
- ○ C. インスタンスの再起動時に 1G が設定される
- ○ D. 静的パラメータのためエラーとなる

解説

　初期化パラメータには、インスタンス起動中に設定値を変更できる動的パラメータと、インスタンス再起動時にのみ反映される静的パラメータがあります。

　SGA_MAX_SIZE は静的パラメータなので、次のとおり指定した値はエラーになります。

```
--  設問のコマンドを実行
SQL> ALTER SYSTEM SET SGA_MAX_SIZE=1G;
ALTER SYSTEM SET SGA_MAX_SIZE=1G
                *
行1でエラーが発生しました。:
ORA-02095: 指定した初期化パラメータを変更できません。
```

　なお、選択肢 C のように、再起動時に設定されるようにするためには、ALTER SYSTEM 文に SCOPE=SPFILE を指定しなければいけません。

正解：D　☑☑☑

8

問題 6

次の文章の (1) と (2) に当てはまる組み合わせとして正しいものを選びなさい。

Oracle データベースでは、データベースの状態およびワークロードに関するスナップショットが定期的に収集されます。スナップショットでは、任意の時点でのシステムの状態に関する統計サマリーが提供されます。これらのスナップショットは、(1) 表領域にある (2) に格納されます。

- A. (1)SYSAUX　　　(2)データディクショナリ
- B. (1)SYSTEM　　　(2)データディクショナリ
- C. (1)TEMPORARY　(2)一時セグメント
- D. (1)SYSAUX　　　(2)AWR

解説

Oracle データベースの稼働統計とワークロード情報のスナップショットを自動的に収集／管理する AWR（Automatic Workload Repository：自動ワークロードリポジトリ）という機能があります。

スナップショットとは、一般的にはある瞬間のファイルシステムのイメージを保持したものを表しますが、Oracle ではデータベースの稼働統計とワークロード（Oracle の利用状況を表す指標、データベースにおける CPU 使用率など）を一定のタイミングで抜き出したものを意味します。このスナップショットを AWR スナップショットといい、SYSAUX 表領域に格納されます。

したがって正解は D です。

正解：D

問題 7

AWR のスナップショットを取得しているプロセスはどれですか。

- A. ARCn
- B. SMON
- C. MMON
- D. PMON

解説

AWR（Automatic Workload Repository）スナップショットの取得をしているのは MMON です。その他のプロセスは次のとおりです。

8　データベースの監視とアドバイザの使用

プロセス名	説明
システムモニター(SMON)	インスタンス障害発生後のインスタンス再起動時に、インスタンス回復を行う
プロセスモニター(PMON)	ユーザープロセス障害発生時に、データベースバッファキャッシュをクリーンアップしたり、サーバープロセスが使用していたリソースを解放する
管理モニター(MMON)	SGA からスナップショットを取得したり、SQL オブジェクトの統計値を取得する
アーカイバ (ARCn)	ログスイッチの発生後、REDO ログファイルをアーカイブログファイルとしてコピーする

正解：C

問題 8　　重要度 ★★★

AWR について正しいものはどれですか (2 つ選びなさい)。

- ☐ A. スナップショットの収集はデフォルトで 60 分間隔
- ☐ B. SYSAUX 表領域に格納
- ☐ C. スナップショットの収集はデフォルトで 30 分間隔
- ☐ D. SYSTEM 表領域に格納

解説

Oracle データベースでは、任意の時点でのデータベースの状態およびワークロードに関するスナップショットが 1 時間に 1 回収集されます。これらのスナップショットは、SYSAUX 表領域にある自動ワークロードリポジトリ (AWR) に格納されます。

正解：A、B

問題 9　　重要度 ★★★

AWR にスナップショットが保存されるデフォルトの期間を次の中から選びなさい。

- ○ A. 365 日間
- ○ B. 90 日間
- ○ C. 31 日間
- ○ D. 8 日間

解説

Oracleデータベースでは、任意の時点でのデータベースの状態およびワークロードに関するスナップショットが1時間に1回収集されます。これらのスナップショットは、SYSAUX表領域にある自動ワークロードリポジトリ（AWR）に格納されます。

スナップショットは、このリポジトリに設定された期間（デフォルトでは8日間）格納された後、新しいスナップショットの領域を確保するために消去されます。

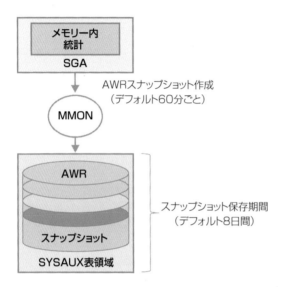

正解：D

問題10　重要度 ★★★

次の説明に該当するものを1つ選びなさい。

Oracleが提供する自己診断エンジンのことで、Oracleデータベースによってデータベース自身のパフォーマンスが診断され、特定された問題の解決方法が判断される。AWRで取得されたアクティブセッション履歴および統計のスナップショットを使用して、ボトルネックを特定する。手動で実行することもできる。

- A. ADDM
- B. ASM
- C. AMM
- D. ASMM

8　データベースの監視とアドバイザの使用

解説

　AのADDM（Automatic Database Diagnostic Monitor）は、Oracleデータベースによってデータベース自身のパフォーマンスを診断し、特定された問題の解決方法を判断する自己診断エンジンです。ADDMを使用して自動的なパフォーマンスの診断を容易にするために、Oracleデータベースでは、データベースの状態およびワークロードに関するスナップショットが定期的に収集されます。したがって正解はAです。

　BのASM（Automatic Storage Management：自動ストレージ管理機能）は、データベースファイルのボリュームマネージャ兼ファイルシステムです。ASMを使用すると、Oracleデータベースおよび Oracle Real Application Clusters（RAC）の単一インスタンス構成が可能になります。

　CのAMM（Automatic Memory Management：自動メモリー管理）は、MEMORY_TARGET初期化パラメータに指定した値の範囲内で、ワークロードに従ってPGAおよびSGA（System Global Area）コンポーネントのサイズ設定を自動チューニングします。

　DのASMM（Automatic Shared Memory Management：自動共有メモリー管理）は、SGA_TARGET初期化パラメータに指定した値の範囲内で、SGA内のコンポーネント（データベースバッファキャッシュ、共有プールなど）のサイズ設定を自動チューニングします。

正解：A　☑ ☑ ☐

問題11　重要度 ★★★

　ADDMについて正しい説明を2つ選びなさい。

- ☐ A. ADDMは自動でのみ起動される
- ☐ B. ADDMは可能性の診断分析であり、パフォーマンスの問題分析は行わない
- ☐ C. ADDM分析は60分ごとに行われる
- ☐ D. ADDM分析はSYSAUX表領域のAWRに保存される

解説

　ADDMは、AWRスナップショット取得後、デフォルトでは毎時間、つまり60分ごとに実行され（Cは正解）、自動ワークロードリポジトリ（AWR）に取得されたデータを調査および分析します。手動で実行することもできます（Aは不正解）。その分析結果は、SYSAUX表領域のAWRに保存され、Oracle Enterprise Managerを使用して表示できます（Dは正解）。

　ADDMはDB時間の統計を使用して、Oracleデータベースに発生する可能性のあるパフォーマンスの問題を識別します（Bは不正解）。DB時間は、待機時間およびアイドルでないすべてのユーザーセッションのCPU時間などのユーザーリクエストの処理にかかった累積時間です。また、ADDMはパフォーマンスの問題の診断以外にも、考えられる解決策を推奨します。

　したがって正解はC、Dです。

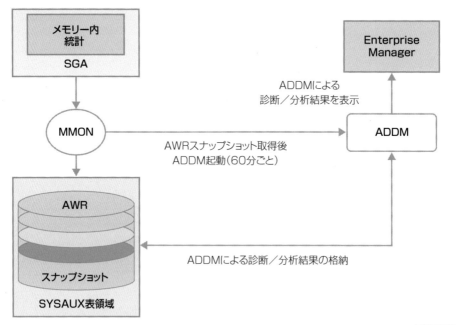

正解：C、D

問題 12　重要度 ★★★

メモリー管理について正しいものはどれですか。

- A. 自動メモリー管理を使用している場合、メモリーアドバイザのみ使用可能
- B. 自動メモリー管理を使用している場合、メモリーアドバイザ、SGA アドバイザ、PGA アドバイザが使用可能
- C. 自動共有メモリー管理を使用している場合、メモリーアドバイザ、SGA アドバイザ、PGA アドバイザ、バッファキャッシュアドバイザ、共有プールアドバイザが使用可能
- D. 自動共有メモリー管理を使用している場合、メモリーアドバイザ、SGA アドバイザ、PGA アドバイザが使用可能

解説

　自動メモリー管理は、Oracleが使用するメモリー全体を自動調整します。Oracleが使用するメモリー全体とは、SGAとPGAです。メモリーアドバイザは、自動メモリー管理が有効な場合に、SGAとPGAの両方を合わせて全体の調整をします。たとえば、SGAのサイズを大きくしてPGAのサイズを小さくするなどのアドバイスが可能です。

　そのため、自動メモリー管理ではメモリーアドバイザのみが使用でき、SGAアドバイザやPGAア

ドバイザを使用してSGAやPGAだけの調整はできません。

したがってAは正解でBは不正解です。

自動共有メモリー管理が有効な場合、SGA内の各コンポーネントの調整を可能とするためにSGAアドバイザを使用することができます。

自動PGAメモリー管理が有効な場合、PGA内の各コンポーネントの調整を可能とするためにPGAアドバイザを使用することができます。

自動共有メモリー管理が有効な場合、自動PGAメモリー管理も有効なため、SGAアドバイザとPGAアドバイザを使用することができます。しかし、メモリーアドバイザは使用できません。

したがって、記述にメモリーアドバイザが含まれているCとDは不正解です。

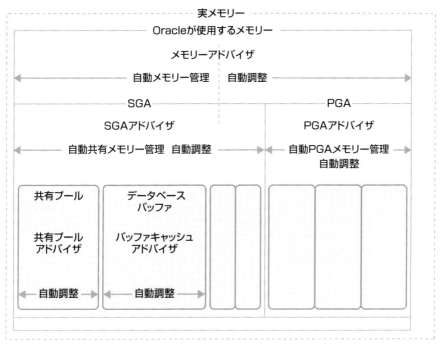

正解：A

問題13

ADDMについての説明として正しいものをすべて選びなさい。

□ A. データベースがオープンしている必要がある
□ B. スナップショットを分析する
□ C. 推奨事項を示し、その効果を数値化して提示する
□ D. 他のアドバイザから起動される

練習問題編

解説

ADDMは、SYSAUX表領域の自動ワークロードリポジトリ（AWR）に格納されているスナップショットを分析し、その結果として推奨事項を提示します（Bは正解）。推奨事項には、その操作を実行することでどれだけの便益があるかを数値化して表示します（Cは正解）。

ADDMは必要に応じて他のアドバイザを起動する場合がありますが、ADDMが他のアドバイザから起動されることはありません（Dは不正解）。また、データベースがクローズされた状態で分析を行うことはできません（Aは正解）。

したがって正解はA、B、Cです。

正解：A、B、C ☑☑☑

問題14　　　　　　　　　　　　重要度 ★★★

高速リカバリ領域の空き率が20%を下回ったら、すぐにデータベース管理者に通知するように設定しようとしています。そのための方法として正しいものを1つ選びなさい。

○ A. メトリック
○ B. アラート
○ C. ADDM分析
○ D. ログイン資格証明

解説

アラートとは、メトリック（統計情報）がしきい値を超えた場合に生成される通知です。各アラートについて警告しきい値およびクリティカルのしきい値を設定できます。

しきい値を超えた場合、通知以外にメールの送信やスクリプトの実行など、特定の処理を設定することもできます。

正解：B ☑☑☑

問題15　　　　　　　　　　　　重要度 ★★★

SQLアクセスアドバイザで使用するSQLワークロードとして選択できるリソースを3つ選びなさい。

☐ A. 開発環境などのユーザー定義のワークロード
☐ B. セッション情報
☐ C. SQLリポジトリ
☐ D. SQLアクティビティ

88

8　データベースの監視とアドバイザの使用

解説

　SQLアクセスアドバイザは、スキーマオブジェクトをチューニングして問合せのパフォーマンスを向上できます。

　SQLアクセスアドバイザでは、SQLワークロード（スキーマにアクセスするSQL文のセット）を特定する必要があります。SQLワークロードは次のリソースから選択します。

- 現行および最近のSQLアクティビティ……D
- SQLリポジトリ……C
- ユーザー定義のワークロード（開発環境など）……A

　したがって正解はA、C、Dです。

　　　　　　　　　　　　　　　　　　　　　　　　　　正解：A、C、D ☑☑☑

問題16　　　　　　　　　　　　　　　　　　　　　　　重要度 ★★★

　自動メモリー管理が有効になっています。使用できるアドバイザについて正しい説明を選びなさい。

- ○ A. SGAアドバイザのみ使用できる
- ○ B. SGAアドバイザとPGAアドバイザが使用できる
- ○ C. メモリーアドバイザのみ使用できる
- ○ D. メモリーアドバイザとSGAアドバイザが使用できる
- ○ E. メモリーアドバイザ、SGAアドバイザとPGAアドバイザが使用できる

解説

メモリー管理モードに応じて、様々なメモリーアドバイザを使用できます。

- 自動メモリー管理が有効な場合：メモリーアドバイザのみを使用できます。インスタンスの合計メモリーターゲットについてのアドバイスが得られます。
- 自動共有メモリー管理が有効な場合：SGAアドバイザとPGAアドバイザを使用できます。
- 手動共有メモリー管理が有効な場合：バッファキャッシュアドバイザおよびPGAアドバイザを使用できます。

　　　　　　　　　　　　　　　　　　　　　　　　　　　　正解：C ☑☑☑

8

練習問題編

問題17　　　　　　　　　　　　　　重要度 ★★★

　自動SQLチューニングについて正しい説明はどれですか（2つ選びなさい）。

☐ A. SQLプロファイルの推奨は、デフォルトで自動実装が有効になっている
☐ B. 既存のメンテナンスウィンドウの開始時間および期間を変更することはできない
☐ C. 自動SQLチューニングアドバイザは、システムメンテナンスウィンドウで自動的に実行される
☐ D. 新しいメンテナンスウィンドウを作成することができる

解説

　自動SQLチューニングアドバイザでは、SQLプロファイルの推奨の自動実装はデフォルトでは無効になっていますので、通常、自動実装を有効にします。
　自動SQLチューニングアドバイザは、システムメンテナンスウィンドウで自動的に実行されます。既存のメンテナンスウィンドウの開始時間および期間を変更したり、新しいメンテナンスウィンドウを作成することもできます。

正解：C、D ✓✓✓

問題18　　　　　　　　　　　　　　重要度 ★★★

　自動SQLチューニングアドバイザにおいて、手動で実装される推奨項目を3つ選びなさい。

☐ A. SQLプロファイルの作成と変更
☐ B. 新しい索引の作成
☐ C. オプティマイザ統計のリフレッシュ
☐ D. SQLの再構築

解説

　自動SQLチューニングアドバイザで生成される推奨には、SQLプロファイルの作成または変更があります。この推奨は、自動的に実装できます。しかし、新しい索引の作成、オプティマイザ統計のリフレッシュ、SQLの再構築は手動でのみ実装できます。

正解：B、C、D ✓✓✓

90

8 データベースの監視とアドバイザの使用

問題 19　　　　　　　　　　　　　　　　　　　　重要度 ★★★

自動 SQL チューニングアドバイザによって生成される推奨項目をすべて選びなさい。

☐ A. DDL 文の推奨
☐ B. SELECT 文の推奨
☐ C. DML 文の推奨
☐ D. SQL プロファイルの作成と変更

解説

　自動 SQL チューニングアドバイザはメンテナンスタスクとしてシステムメンテナンスウィンドウで自動的に実行されます。それぞれの自動実行で、アドバイザは負荷の大きい SQL 問合せを選択し、これらの問合せの推奨チューニングを生成します。自動 SQL チューニングアドバイザでは、DML 文および DDL 文は考慮されません。

　また、自動 SQL チューニングアドバイザで生成される推奨には、SQL プロファイルの作成または変更があります。

正解：B、D ☑☑☑

問題 20　　　　　　　　　　　　　　　　　　　　重要度 ★★★

Oracle が提供するパフォーマンス関連のアドバイザを 3 つ選びなさい。

☐ A. ADDM
☐ B. SQL アドバイザ
☐ C. メモリーアドバイザ
☐ D. UNDO アドバイザ

8

解説

　ADDM（A）は自動ワークロードリポジトリ（AWR）に取得されたデータを調査し、パフォーマンスの問題を検出した場合、分析した結果に従ってアドバイスをします。さらに、ADDM の分析結果を基に他のアドバイザを使用することができます。

　パフォーマンス関連のアドバイザには、ADDM のほかに SQL チューニングアドバイザと SQL アクセスアドバイザを含む SQL アドバイザ（B）や、メモリーアドバイザ（C）があります。

　したがって正解は A、B、C です。

　また、パフォーマンス関連以外のアドバイザとしては、セグメントアドバイザ、UNDO アドバイザ（D）、MTTR アドバイザ、データリカバリアドバイザがあります。

正解：A、B、C ☑☑☑

91

練習問題編

問題 21　重要度 ★★★

SQL チューニングアドバイザが診断するものについて、正しいのはどれですか。

☐ A. 欠落、失効した統計の収集
☐ B. 新しい索引の作成
☐ C. 意味的、構文的 SQL の修正
☐ D. マテリアライズドビューの作成
☐ E. パーティション表の作成

解説

SQL チューニングアドバイザは、入力として 1 つ以上の SQL 文を取り、自動チューニングオプティマイザを起動して文に対する SQL チューニングを実行します。

自動チューニングオプティマイザは、問合せオブジェクトごとに統計の欠落や失効がないかをチェックします。

また、新規索引で問合せのパフォーマンスを大幅に改善できるかどうかを探索し、その作成が推奨されます。

さらに、SQL 文の再構成について関連する提案を行います。たとえば、オプティマイザから、UNION 演算子を UNION ALL で置き換えたり、NOT IN を NOT EXISTS で置き換えるように提案される場合があります。

次は、SQL アクセスアドバイザが診断します。

● マテリアライズドビューの作成
● パーティション表の作成

正解：A、B、C ☑☑☑

問題 22　重要度 ★★★

Oracle が提供するメモリーアドバイザをすべて選びなさい。

☐ A. SGA アドバイザ
☐ B. PGA アドバイザ
☐ C. 共有プールアドバイザ
☐ D. ログバッファアドバイザ

解説

メモリーアドバイザは、メモリー管理モードに従って次のアドバイザを使用することができます。

92

8　データベースの監視とアドバイザの使用

アドバイザ		説明
ADDM		データベース全体のアドバイスを行う
メモリーアドバイザ	メモリーアドバイザ	自動メモリー管理モードの場合、インスタンス全体のメモリーを最適化する
	PGA アドバイザ	自動 PGA メモリー管理モードの場合、PGA 全体のメモリーを最適化する
	SGA アドバイザ	自動共有メモリー管理モードの場合、SGA の構成に関する各コンポーネントサイズを最適化する
	共有プールアドバイザ	共有プールの最適サイズを提供する
	データバッファキャッシュアドバイザ	データベースバッファキャッシュの最適サイズを提供する
SQL アドバイザ	SQL チューニングアドバイザ	パフォーマンスを向上させる推奨項目（SQL の書き換え、索引作成の推奨）を作成する
	SQL アクセスアドバイザ	SQL 文を実行する際のアクセスパスに関するチューニング（索引やマテリアライズドビューの作成）を行う
その他のアドバイザ	セグメントアドバイザ	オブジェクト内の断片化を調査し、セグメントの縮小操作のアドバイスを行う
	UNDO アドバイザ	UNDO 保存の低しきい値を考慮して、UNDO 表領域サイズのアドバイスを行う
	MTTR アドバイザ	インスタンス障害後の平均リカバリ時間（MTTR）をチューニングする
	データリカバリアドバイザ	データベースファイルやデータブロックの破損からのリカバリを提供する

したがって正解はA、B、Cです。

ログバッファアドバイザ (D) というものは存在しません。

正解： A、B、C

問題 23　　重要度 ★★★

SQL チューニングアドバイザについて正しい説明を選びなさい。

☐ A.「IN を EXISTS に変更したほうがパフォーマンスが改善される」などのアドバイスが可能

☐ B. 複合索引に追加する列をアドバイス可能

☐ C. マテリアライズドビューの作成を推奨する

☐ D. オプティマイザ統計のリフレッシュを推奨する

練習問題編

解説

SQLチューニングアドバイザは、SQLを分析し、パフォーマンス向上のための推奨項目を提示します。たとえば、SQLプロファイルの作成および変更、索引の作成、SQL文の書き直し、オプティマイザ統計のリフレッシュに関する推奨項目などをアドバイスします（A、Dは正解）。

索引作成の必要性はSQLチューニングアドバイザがアドバイスしてくれますが、Bの記述にあるような複合索引の並び順や追加列に関するアドバイスを行うのはSQLアクセスアドバイザです。SQLアクセスアドバイザはスキーマ（オブジェクトの集合、表や索引など）を分析し、実行計画を改善するために索引またはCの記述にあるようなマテリアライズドビューの作成などを推奨してくれます。

なお、マテリアライズドビューとは、集計や結合処理などを含む複雑な検索処理のパフォーマンス向上を目的として作成するものです。

正解：A、D ☑☑☑

問題 24　重要度 ★★★

SQLアクセスアドバイザについて正しい説明をすべて選びなさい。

- ☐ A. SELECT 文のみを対象とする
- ☐ B. DML 文も含めて検証する
- ☐ C. マテリアライズドビューの作成、変更および削除を推奨する
- ☐ D. SQL プロファイルの作成および変更を推奨する

解説

SQLアクセスアドバイザは、スキーマ（オブジェクトの集合、表や索引など）を分析し、SELECT文だけでなくDML文も含めて、実行計画を改善するために索引またはマテリアライズドビューの作成、変更および削除を推奨してくれます。したがって正解はB、Cです。

なお、「SELECT文のみを対象」（A）とするのはSQLチューニングアドバイザです（Aは不正解）。また、SQLを分析し、SQLプロファイルの作成および変更など、パフォーマンス向上のための推奨項目を提示するのもSQLチューニングアドバイザです（Dは不正解）。

正解：B、C ☑☑☑

問題 25　重要度 ★★★

ユーザーから「レスポンスが悪い」と連絡を受けたため、SQLチューニングアドバイザを使用して、この1時間で最もリソース使用量の多かったSQLを分析しようとしています。

この分析のソースになるものを1つ選びなさい。

- ○ A. ベースライン

94

8　データベースの監視とアドバイザの使用

○ B. SQL の履歴

○ C. SQL チューニングセット（STS）

○ D. トップアクティビティ

解説

SQL チューニングアドバイザを使用して、CPU タイム、I/O およびメモリーを消費している上位の SQL 文を分析することができます。

SQL チューニングアドバイザは、次のソースに対して実行されます。

ソース	説明
トップアクティビティ	過去 1 時間に実行された SQL 文のうち、問題のありそうな（最もリソースが集中していた）SQL 文が評価される
履歴 SQL	24 時間単位で SQL 文をチューニングする
SQL チューニングセット（STS）	AWR スナップショットによって取得された SQL 文または任意の SQL ワークロードから作成された一連の SQL 文（SQL チューニングセット）が評価される

問題文には「この 1 時間で」とありますので、正解は D です。

正解：D

問題 26　　　　　　　　　　　　　重要度 ★★★

本番カットオーバーを直前に控え、ユーザーの運用フローに従って、システムを 1 日試用しました。1 日を振り返り、SQL チューニングアドバイザを使用して、最もリソース使用量の多かった SQL を分析しようとしています。この分析のソースになるものを 1 つ選びなさい。

○ A. ベースライン

○ B. SQL の履歴

○ C. SQL チューニングセット（STS）

○ D. トップアクティビティ

解説

SQL チューニングアドバイザは、前問の解説の表に示したソースに対して実行されます。問題文には「1 日を振り返り」とありますので、正解は B です。

正解：B

練習問題編

問題 27　　　　　　　　　　　　　　　　　　　重要度 ★★★

　ユーザーから指摘のあった SQL 文について、SQL チューニングアドバイザを使用して、リソースの使用量と実行計画を分析しようとしています。この分析のソースになるものを 1 つ選びなさい。

○ A. ベースライン
○ B. SQL の履歴
○ C. SQL チューニングセット (STS)
○ D. トップアクティビティ

解説

　SQL チューニングアドバイザは、問題 25 の解説の表に示したソースに対して実行されます。問題文には「ユーザーから指摘のあった SQL 文について、SQL チューニングアドバイザを使用して、リソースの使用量と実行計画を分析」とありますので、正解は SQL チューニングセット (STS) (C) です。

　SQL チューニングセットは、1 つ以上の SQL 文とその実行統計および実行コンテキストを含むデータベースオブジェクトです。

　SQL 文は、AWR、共有 SQL 領域またはユーザー提供のカスタム SQL など、さまざまな SQL ソースから SQL チューニングセットにロードすることができます。STS に含まれる要素は、次のとおりです。

● SQL 文のセット
● 関連する実行コンテキスト (ユーザースキーマ、アプリケーションモジュール名およびアクション、バインド値のリストおよびカーソルコンパイル環境など)
● 関連する基本実行統計 (経過時間、CPU タイム、バッファ読取り、ディスク読取り、処理された行数、カーソルフェッチ、実行数、実行完了数、オプティマイザコストおよびコマンドのタイプなど)
● 各 SQL 文の関連実行計画と行ソース統計 (オプション)

正解：C ☑☑☑

問題 28　　　　　　　　　　　　　　　　　　　重要度 ★★☆

　自動 SQL チューニングアドバイザによって自動的に実装されるものをすべて選びなさい。

☐ A. SQL プロファイルの作成
☐ B. SQL プロファイルの変更

8 データベースの監視とアドバイザの使用

☐ C. 索引の作成
☐ D. SQL 文の再構築

解説

　自動 SQL チューニングアドバイザは、メンテナンスタスクとしてシステムメンテナンスウィンドウで自動的に実行されます。負荷の大きい問合せを選択し、これらの問合せの推奨チューニングを生成します。DML（INSERT、UPDATE、DELETE、MERGE）は考慮されません。

　生成される推奨に SQL プロファイルの作成（A）および変更（B）を含めることができますが、C の索引の作成、D の SQL 文の再構築（書き直し）、オプティマイザ統計のリフレッシュに関する推奨は、手動のみで実装できます。

　したがって正解は A、B です。

正解：A、B ☑☑☑

9 バックアップおよびリカバリの実行

練習問題編

学習日		
/	/	/

本章の出題範囲の内容は次のとおりです。

- バックアップおよびリカバリ操作のためのデータベース構成
- データベースのバックアップ作成および管理
- データベースのリストアおよびリカバリ
- フラッシュバック機能の使用

本章では、NOARCHIVELOG モードと ARCHIVELOG モードにおけるバックアップ方法と障害発生時のリカバリ手順について多く問われる傾向にあります。単なるリカバリ方法や必要な要素 (たとえば、ARCHIVELOG モードならアーカイブ REDO ログファイルを用いる) ではなく、障害を認識したら、バックアップファイルをリストアする前にデータベースは停止する？しない？など具体的な手順が解答できるようにしておきましょう。

問題 1　重要度 ★★★

クリティカルでない TEST 表領域を失いました。正しいリカバリ手順を含んだものはどれですか。

①TEST 表領域をオフライン
②TEST 表領域のバックアップをリストア
③TEST 表領域のリカバリ
④TEST 表領域をオンライン
⑤ただちにインスタンスを停止
⑥データベースをマウント
⑦データベースをオープン

○ A. ①→②→③→④
○ B. ⑤→⑥→①→②→③→④→⑦
○ C. ⑤→⑥→②→③→④→⑦
○ D. ①→②→⑤→⑥→③→④
○ E. ⑤→①→②→③→⑦

9　バックアップおよびリカバリの実行

解説

　設問では「クリティカルでない」といっているので、データベースはオープンしたままリカバリが可能であるということが理解できているかどうかを試す問題です。

　よって、インスタンスを停止する必要がないので、⑤「ただちにインスタンスを停止する」を含む選択肢は誤りです（停止しなければ、マウント（⑥）もオープン（⑦）もする必要はありません）。

　ただし、リカバリ対象の表領域はリカバリ作業前にオフラインにし、バックアップをリストアしておかなければいけません。

　正解は、①TEST表領域をオフライン→②TEST表領域のバックアップをリストア→③TEST表領域のリカバリ→④TEST表領域をオンライン（A）です。

正解：A ☑☑☑

問題2	重要度 ★★★

　土曜日にレベル0バックアップを取得し、平日にレベル1の差分増分バックアップを取得する計画があります。

　正しい説明はどれですか（2つ選びなさい）。

☐ A. レベル0のバックアップは、使用されたすべてのブロックをバックアップする

☐ B. 毎平日のレベル1は、最後のバックアップ以降に変更されたブロックをバックアップする

☐ C. 毎平日のレベル1は、レベル0のバックアップ以降に変更されたブロックをバックアップする

☐ D. レベル0のバックアップは、前日のバックアップ以降に変更されたブロックをバックアップする

解説

Oracleのバックアップタイプには次のものがあります。

● 全体バックアップ：データファイルの使用済みブロックすべてのコピー

● 増分バックアップ：以前バックアップしてから変更されたすべてのデータブロックのコピー。Oracle Databaseでは、2つのレベルの増分バックアップ（0および1）がサポートされています。

　• 累積：レベル0のバックアップを最後に実行してから変更されたすべてのデータブロック

　• 差分：レベル0または1のバックアップを最後に実行してから変更されたすべてのデータブロック

正解：A、B ☑☑☑

9

99

練習問題編

問題3
重要度 ★★★

　アーカイブログとバックアップセットの保存先に高速リカバリ領域を使用したいと考えています。構成パラメータはどれですか。

☐ A. db_recovery_file_dest
☐ B. db_recovery_file_dest_size
☐ C. db_create_file_dest
☐ D. log_archive_dest
☐ E. log_archive_config

解説

　高速リカバリ領域とは、アーカイブログ、バックアップ、フラッシュバックログ、多重制御ファイルおよび多重REDOログを格納するためにディスク上に確保された領域です。
　DB_RECOVERY_FILE_DESTパラメータで指定した場所、DB_RECOVERY_FILE_DEST_SIZEパラメータで指定したサイズを使用します。
　不正解のパラメータは次のとおりです。

● DB_CREATE_FILE_DEST：Oracle Managed Filesのデフォルトの位置を指定
● LOG_ARCHIVE_DEST：データベースをARCHIVELOGモードで起動している場合、またはアーカイブREDOログからデータベースをリカバリしている場合のみ適用
● LOG_ARCHIVE_CONFIG：リモートの宛先へのREDOログの送信と、リモートのREDOログの受信を使用可能または使用禁止にし、Data Guard構成に含まれる各データベースに対する一意のデータベース名（DB_UNIQUE_NAME）を指定

正解：A、B ☑☑☑

問題4
重要度 ★★★

NOARCHIVELOGモードについて正しい説明を2つ選びなさい。

☐ A. データベースをクローズした状態でないとバックアップを取得できない
☐ B. メディア障害後のリカバリは完全リカバリができる
☐ C. バックアップデータファイルにはREDOログ内のすべての変更が適用されていない場合がある
☐ D. デフォルトのモードである

100

9 バックアップおよびリカバリの実行

解説

Oracleの運用モードには、NOARCHIVELOGモードとARCHIVELOGモードがあり、デフォルトはNOARCHIVELOGモードです（Dは正解）。

NOARCHIVELOGモードは、ログスイッチが発生するたびにオンラインREDOログファイルが上書きされます。障害発生時、データファイルをバックアップした後に発生したトランザクションログは上書きされていることが考えられるため、REDOログファイルを使用して障害発生直前の状態まで回復することはできません（Bは不正解）。

したがって、すべてのトランザクション情報がデータファイルに書き込まれた状態（REDOログ内のすべての変更がデータファイルに適用されている状態）、つまりデータベースをクローズした状態でないと、バックアップを取得できません（Aは正解、Cは不正解）。

正解：A、D ☑☑☑

問題5 　　　重要度 ★★★

NOARCHIVELOGモードについて正しい説明を2つ選びなさい。

- ☐ A. 最後にバックアップした時点までしかリカバリできない
- ☐ B. 最後にコミットした時点までリカバリできる
- ☐ C. ログスイッチが発生するたびにオンラインREDOログファイルが上書きされる
- ☐ D. いっぱいになったオンラインREDOログファイルは、再度使用可能になる前にアーカイブされる必要がある

解説

NOARCHIVELOGモードは、ログスイッチが発生するたびにオンラインREDOログファイルが上書きされます（Cは正解）。障害発生時、データファイルをバックアップした後に発生したトランザクションログは上書きされていることが考えられるため、REDOログファイルを使用して障害発生直前の状態まで回復することはできません。そのため、最後にバックアップした時点までしかリカバリできません（Aは正解でBは不正解）。「いっぱいになったオンラインREDOログファイルは、再度使用可能になる前にアーカイブされる必要がある」（D）のは、ARCHIVELOGモードの場合です（Dは不正解）。

正解：A、C ☑☑☑

問題6 　　　重要度 ★★★

NOARCHIVELOGモードで運用しています。正しいものはどれですか（3つ選びなさい）。

- ☐ A. OPENしていないときのみ全体バックアップが取得できる
- ☐ B. インスタンス障害から完全にリカバリできる

101

練習問題編

☐ C. 最後のバックアップまでリカバリできる
☐ D. CLOSE しているときなら部分バックアップが取得できる

解説

NOARCHIVELOG モードは、REDO ログファイルをアーカイブ（コピー）しません。よって、ログスイッチが発生するたびにオンライン REDO ログファイルが上書きされ、障害発生時には、データファイルをバックアップした後に発生したトランザクションログは上書きされていることが考えられます。よって、データベースをクローズした状態で、すべてのデータベースファイルをバックアップする必要があります（A は正解、D は不正解）。障害発生時には、バックアップファイルをリストアするだけで、最後にバックアップした時点にリカバリできます（C は正解）。インスタンス障害はオンライン REDO ログファイルからリカバリするため、NOARCHIVELOG モード／ARCHIVELOG モードいずれの場合でも回復できます（B は正解）。

正解：A、B、C ☑☑☑

問題7 重要度 ★★★

ARCHIVELOG モードで運用しているデータベースを NOARCHIVELOG モードに切り替えます。このときに取得するべきバックアップを選びなさい。

○ A. データファイルのレベル 1 の増分バックアップ
○ B. データファイルのバックアップセットによるバックアップ
○ C. データファイルのイメージコピーによるバックアップ
○ D. 全体バックアップ

解説

モードを切り替えると、それ以前のモードで取得したバックアップは無効になります。そのため、切り替え後のモードにおけるベースとなる全体バックアップを取得し直す必要があります。したがって正解は D です。

正解：D ☑☑☑

問題8 重要度 ★★★

ARCHIVELOG モードで運用しています。SHUTDOWN ABORT の後のインスタンスリカバリについて正しいものはどれですか。

○ A. OPEN 時に、自動インスタンスリカバリが実行される
○ B. OPEN できない。OPEN するにはメディアリカバリが必要
○ C. OPEN 時にアーカイブ REDO ログとオンライン REDO ログが使われ自動リカ

102

バリ

○ D. OPEN できる。リカバリは不要

解説

ARCHIVELOG モード／NOARCHIVELOG モードいずれの場合でも、SHUTDOWN ABORT で終了した場合は、次回のデータベース OPEN 時にインスタンスリカバリが行われます。

正解：A

問題 9　　　重要度 ★★★

ARCHIVELOG モードで運用しています。正しいものはどれですか（3 つ選びなさい）。

□ A. オープンバックアップが可能
□ B. トランザクションの完全リカバリが可能
□ C. アーカイブ先はデフォルトで高速リカバリ領域
□ D. ARCHIVELOG モードに設定する前にオンライン REDO ログの多重化が必要

解説

ARCHIVELOG モードは、ログスイッチ時にオンライン REDO ログファイルをアーカイブ（コピー）するため、その後オンライン REDO ログファイルが上書きされても、REDO ログファイルに書き込まれたトランザクションデータを失うことはありません。よって、トランザクションを完全にリカバリすることができます（B は正解）。また、データベースが OPEN 状態でデータファイルをバックアップ（オープンバックアップ）すると、バックアップファイルは非一貫性バックアップファイルになりますが、アーカイブした REDO ログファイルからデータの一貫性は保証できるため、オープンバックアップが可能です（A は正解）。Oracle 12c では、バックアップおよびリカバリの操作を自動管理するため、バックアップ先として高速リカバリ領域を使用します（C は正解）。

REDO ログファイルを多重化することは好ましいですが、ARCHIVELOG モードに設定する前に必ず多重化しなければいけないわけではありません（D は不正解）。

正解：A、B、C

問題 10　　　重要度 ★☆☆

RMAN でバックアップタスクおよびリカバリタスクを実行するのに必要な権限はどれですか。2 つ選びなさい。

□ A. SYSTEM
□ B. SYSMAN
□ C. SYSBACKUP
□ D. SYSDBA

練習問題編

解説

RMANでバックアップタスクおよびリカバリタスクを実行するには、SYSDBAまたはSYSBACKUP管理権限を持つユーザーとして、ターゲットデータベースに接続する必要があります。

SYSBACKUP権限には、データベースをバックアップしてリカバリするために必要なすべての権限があります。

SYSTEMおよびSYSMANは権限ではありません。ユーザーです。SYSBACKUPユーザー（データベースのインストール時にSYSBACKUP権限付きで自動的に作成）も存在しますが、本設問は2つの選択肢を求めていますので、Cは権限として考えましょう。

正解：C、D ☑☑☑

問題11
重要度 ★★★

データリカバリアドバイザ (DRA) を使う状況はどれですか（3つ選びなさい）。

- ☐ A. データベースが OPEN 状態で失われたデータファイルをリカバリ
- ☐ B. 破損ブロックを含むデータファイルのリカバリ
- ☐ C. 制御ファイルを損失した場合のリカバリ
- ☐ D. 削除した表のリカバリ

解説

データリカバリアドバイザは、データ障害を自動的に診断し、適切な修復オプションを判断して表示し、ユーザーリクエストに基づいて修復を実行する機能です。

データリカバリアドバイザでは、次のような障害を診断できます。

- 存在しない、適切なアクセス権限がない、オフラインになっているなどの理由でアクセスできないデータファイルや制御ファイルなど（A、C は正解）
- ブロックチェックサム障害、無効なブロックヘッダーフィールド値などの物理的な破損（B は正解）
- 他のデータベースファイルより古いデータファイルなどの矛盾
- ハードウェアエラー、オペレーティングシステムのドライバの障害、オペレーティングシステムのリソース制限（たとえば、オープンしているファイルの数）の超過などのI/O障害

誤って行った表の削除は、DRAでは診断および回復（リカバリ）できません（Dは不正解）。削除した表のリカバリは、フラッシュバックドロップで行います。

正解：A、B、C ☑☑☑

問題12
重要度 ★☆☆

データリカバリアドバイザについて正しい説明を2つ選びなさい。

9　バックアップおよびリカバリの実行

- ☐ A. 診断された障害は、自動ワークロードリポジトリ（AWR）に記録される
- ☐ B. データ障害を自動的に診断する
- ☐ C. ヘルスチェックは手動で起動することができる
- ☐ D. ヘルスチェックは自動でのみ起動される

解説

　データリカバリアドバイザは、データ障害を自動的に診断し、適切な修復オプションを判断して表示し、ユーザーリクエストに基づいて修復を実行する機能です（Bは正解）。

　データリカバリアドバイザにおけるヘルスチェックとは、状態モニターによって実行される診断プロシージャで、データベースまたはデータベースのコンポーネントの状態を評価します。

　ヘルスチェックは、エラーの発生に応じて起動します。また、手動で起動することもできます（Cは正解、Dは不正解）。

　診断された障害は、自動診断リポジトリ（ADR）に記録されます（自動ワークロードリポジトリ（AWR）ではありません。Aは不正解）。障害が検出されてADRに格納された後、データリカバリアドバイザを使用して、修復アドバイスの生成および障害の修復を実行できます。

正解： B、C ☑ ☐ ☐

問題 13　重要度 ★★★

　バックアップしてある物理ファイルを破損または損失したファイルの代わりに元の場所または別の場所にコピーすることを何というか、正しいものを選びなさい。

- ○ A. アーカイブ
- ○ B. リストア
- ○ C. リカバリ
- ○ D. ロード

解説

　選択肢の用語の意味はそれぞれ次のとおりです。

用語	説明
アーカイブ……A	一般的には、複数のファイルを1つのファイルにまとめることを意味する。Oracleでは、オフラインREDOログファイルのコピーをアーカイブREDOログファイルという
リストア……B	英語で「修復、復元」を意味し、一般的には破損したシステムやディスク、データベースなどを復旧することをいう。Oracleでは、バックアップしてあるデータファイルを、破損または損失したファイルの代わりに元の場所または別の場所にコピーすることをいう

（※表は続く）

105

練習問題編

用語	説明
リカバリ……C	英語で「回復、回収」を意味し、一般的には起動しなくなったシステムを初期状態に戻すことをいう。Oracle では、リストアしたデータファイルに対して、アーカイブ REDO ログファイルおよびオンライン REDO ログファイルを使用して変更履歴（トランザクション情報）を適用することをいう
ロード……D	一般的には、ハードディスクなどの外部記憶装置に記憶されているデータをコンピュータ内のメインメモリに呼び出す操作をいう。データベースの場合は、OS 上のファイルのデータをデータベース内の表に読み込む操作をいう

したがって正解は B です。

正解：B ✓✓✓

問題 14　　　　　　　　　　　　　　　　　　　重要度 ★★★

RMAN を使用してバックアップできるファイルをすべて選びなさい。

- ☐ A. オンライン REDO ログファイル
- ☐ B. アーカイブ REDO ログファイル
- ☐ C. サーバーパラメータファイル
- ☐ D. パスワードファイル

解説

RMAN (Oracle Recovery Manager) を使用してバックアップできるファイルは次のとおりです。

- データファイル
- 制御ファイル
- アーカイブ REDO ログファイル……B
- サーバーパラメータファイル……C

したがって正解は B、C です。

正解：B、C ✓✓✓

問題 15　　　　　　　　　　　　　　　　　　　重要度 ★★★

Oracle を使用して構築した販売管理システムを利用している最中に電源障害が発生し、クライアントのセッションが停止しました。このときの動きについて正しい説明を選びなさい。

- ○ A. SMON がインスタンス回復をする

9　バックアップおよびリカバリの実行

　○　B. PMON がそのセッションによって進行中だったトランザクションをロールバック
　　　する
　○　C. CKPT がロールフォワードして、データファイルに書き込まれていないトランザ
　　　クションデータを回復する
　○　D. セッションが確保していたロックを MMON が解除する

解説

　正解は「PMONがそのセッションによって進行中だったトランザクションをロールバックする」
(B) です。

　SMONは、サーバー側のインスタンス障害後、インスタンスを再起動するときに、REDOログ
ファイルからまだデータファイルに反映されていないトランザクション情報を適用するプロセスで
す。問題文には「クライアントのセッションが停止」とあるので、サーバー側の障害ではありません。
したがってAは不正解です。

　CKPTは、DBWnにシグナルを送り、使用済みのデータバッファをデータファイルに書き出さ
せるバックグラウンドプロセスです。Cに記述のある「ロールフォワードして、データファイルに書
き込まれていないトランザクションデータを回復する」のは、SMONが行うことです。

　MMONは、統計情報のスナップショットをAWRに書き出すプロセスです。Dに記述のある
「セッションが確保していたロックを解除する」のは、PMONが行うことです。

正解：B　☑ ☑ ☑

問題 16　　　　　　　　　　　　　　　　　　　　　　重要度 ★ ★ ★

　一貫性バックアップについて正しい説明をすべて選びなさい。

　☐　A. REDO ログ内のすべての変更が、データファイルに適用されている必要がある
　☐　B. リストア操作が終了したら、すぐにデータベースをオープンできる
　☐　C. ファイルのリストア後に、メディアリカバリを実行する必要がある
　☐　D. データファイルに適用されていない変更が含まれるオンライン REDO ログとアー
　　　カイブ REDO ログを使用してリカバリできる

解説

　一貫性バックアップを取得する場合は、REDOログ内のすべての変更がデータファイルに反映
されている必要があります (Aは正解)。つまり、コミットされたデータは変更後の値に、ロールバッ
クされたデータは変更前の値になっている必要があります。

　そういう状態であれば、バックアップファイルをリストアするだけで、メディアリカバリ操作を行
うことなくデータベースをオープンすることができます (メディアリカバリとは、ディスク障害など
により破損または損失したデータファイルをバックアップからリストアし、アーカイブREDOログ
ファイルやオンラインREDOログファイルを使用してリカバリすることです)。つまり、データファ

107

イルには適用されていない変更などありませんので、オンラインREDOログとアーカイブREDOログを使用してリカバリする必要はありません（Bは正解でDは不正解）。リストア後にメディアリカバリを実行しなくても、データベースは回復された状態になります（Cは不正解）。

したがって正解はA、Bです。

正解：A、B ☑☑

問題17　重要度 ★★★

非一貫性バックアップについて正しい説明をすべて選びなさい。

☐ A. データベースがオープンしていても取得できる
☐ B. リストア操作が終了したら、すぐにデータベースをオープンできる
☐ C. ファイルのリストア後に、メディアリカバリを実行する必要がある
☐ D. データファイルに適用されていない変更が含まれるオンラインREDOログとアーカイブREDOログを使用してリカバリできる

解説

非一貫性バックアップは、データベースを停止せずに取得できるバックアップです。

つまり、データベースがオープンしていても取得できるため（Aは正解）、トランザクションはコミット済みであっても、データファイルには適用されていない変更が含まれる場合があります（コミット時にファイルに書込みを行うのはLGWRであって、DBWnは変更済みのデータベースバッファキャッシュをデータファイルに書込みには行きません）。

そのため、バックアップファイルをリストアしただけでは、データベースをオープンすることはできません（Bは不正解）。リストア後、データファイルに適用されていない変更が含まれるオンラインREDOログとアーカイブREDOログを使用して、メディアリカバリを行う必要があります（CとDは正解）。

したがって正解はA、C、Dです。

正解：A、C、D

問題18　重要度 ★★★

障害の種類とその原因の正しい組み合わせを選びなさい。

障害の種類
（ア）ユーザーエラー
（イ）メディア障害
（ウ）ユーザープロセス障害

9　バックアップおよびリカバリの実行

原因

(1) SQL*Plus を Exit で終了せずに、Windows の閉じるボタンで終了した

(2) データファイルを誤って削除した

(3) 表を誤って削除した

○ A.（ア）：(1)、（イ）：(2)、（ウ）：(3)

○ B.（ア）：(2)、（イ）：(1)、（ウ）：(3)

○ C.（ア）：(2)、（イ）：(3)、（ウ）：(1)

○ D.（ア）：(3)、（イ）：(2)、（ウ）：(1)

解説

障害の種類に対応する原因は次の表のとおりです。

種類	説明
SQL 文障害	SQL 文の実行時のエラー（領域不足、データ型が異なるなど）
ユーザーエラー	ユーザーが行った操作が正しくない。たとえば、誤って表を削除した、間違った更新（INSERT、UPDATE、DELETE）を行ったにもかかわらずコミットしたなど
ユーザープロセス障害	クライアントのアプリケーションの異常終了など、セッションで障害が発生した
インスタンス障害	停電などの電源障害または CPU 障害などでインスタンスが停止した
メディア障害	データベースファイルの破損、損失など

したがって（ア）：(3)、（イ）：(2)、（ウ）：(1) が正しい組み合わせとなるので、正解は D です。

正解：D ☑ ☑ ☑

問題 19

重要度 ★★★

インスタンス障害について正しい説明を選びなさい。

○ A. インスタンスを再起動することで回復する

○ B. バックアップデータファイルをリストアし、アーカイブ REDO ログファイルおよびオンライン REDO ログファイルからトランザクションログを適用してリカバリする

○ C. PMON により、影響を受けたトランザクションはロールバックで復旧されるため、何もしなくてよい

○ D. オフラインバックアップをリストアし、インスタンスを再起動することで回復する

解説

インスタンス障害発生時には、インスタンスを再起動することで、SMON バックグラウンドプロセ

109

練習問題編

スがデータファイルに反映できていなかったトランザクションデータをREDOログファイルから生成して回復します（Aは正解）。

インスタンス障害は、インスタンス（SGAとバックグラウンドプロセス）が受けた障害なので、データベースファイルは破損・損失していません。よって、バックアップファイルをリストアする必要はありませんし、アーカイブREDOログファイルおよびオンラインREDOログファイルからトランザクションログを適用してリカバリする必要はありません（B、Dは不正解）。

Cに記述のあるPMONは、ユーザープロセス障害が発生したときに、そのプロセスによって取得されていたロックを解除したり、メモリーなどのリソースを解放するバックグラウンドプロセスです。インスタンス回復を行うプロセスではありません。

正解：A ☑☑☑

問題 20　　　　　　　　　　　　　　　　　　　　重要度 ★★★

インスタンス障害発生後、インスタンス再起動時にインスタンスを回復するバックグラウンドプロセスを選びなさい。

○ A. ARCn
○ B. PMON
○ C. SMON
○ D. LGWR

解説

選択肢のバックグラウンドプロセスはそれぞれ次の表のとおりです。

プロセス	説明
ARCn……A	オンラインREDOログファイルのコピー（アーカイブ）を取得する
PMON……B	ユーザープロセス障害発生時、取得していたロックを解除し、獲得していたリソースを解放する
SMON……C	インスタンス障害発生後、インスタンス再起動時にREDOログファイルを使用してトランザクションのロールフォワード回復とロールバック回復を行う
LGWR……D	ログバッファの情報をREDOログファイルに書き出す

したがって正解はCです。

正解：C ☑☑☑

問題 21　　　　　　　　　　　　　　　　　　　　重要度 ★★★

メディア障害について正しい説明を2つ選びなさい。

110

9 バックアップおよびリカバリの実行

- ☐ A. 停電や CPU 障害などをいう
- ☐ B. ユーザーのミスオペレーションによるファイル損失をいう
- ☐ C. ディスク障害によるファイル破損やファイル損失をいう
- ☐ D. ユーザーのミスオペレーションまたはシステムトラブルにより、トランザクションが中断された状態をいう

解説

メディア障害とは、ユーザーのミスオペレーションやディスク障害などで、データベースファイルが破損または損失した状態をいいます（B、Cは正解）。

Aに記述のある停電やCPU障害などは、インスタンス障害です（Aは不正解）。

Dに記述のあるユーザーのミスオペレーションまたはシステムトラブルにより、トランザクションが中断された状態は、ユーザープロセス障害です（Dは不正解）。

したがって正解はB、Cです。

正解：B、C ☐☐☐

問題 22 　　　　　　　　　　　　　　　　　　　　　　　　**重要度** ★★★

非一貫性バックアップについて正しい説明を選びなさい。

- ○ A. 非一貫性バックアップとは、障害回復時には役に立たないバックアップファイルをいう
- ○ B. 非一貫性バックアップとは、制御ファイル、データファイルおよびオンラインREDOログファイルを対象にしたバックアップのことであり、オンラインバックアップともいう
- ○ C. 非一貫性バックアップとは、データベースをオープンし、インスタンスを起動した状態で取得したバックアップのことであり、オンラインバックアップともいう
- ○ D. 非一貫性バックアップとは、障害発生時ではなくバックアップ時点までしか戻すことのできないバックアップのことであり、オフラインバックアップともいう

解説

バックアップには、一貫性バックアップと非一貫性バックアップがあります。

非一貫性バックアップとは、データベースをオープンし、インスタンスを起動した状態で取得したバックアップのことで、オンラインバックアップともいいます。したがって正解はCです。

データベースがオープンされていて、インスタンスが起動した状態ということは、ユーザーのトランザクションが進行中でもおかしくない状態です。DBWnが書込みを行うのはコミット時ではないため、データベースオープン中のデータファイルには、まだコミットされていないデータが書き込まれたり、あるいはコミットしたにもかかわらずまだ書込みされていないデータも含まれています。つまり、データファイルには一貫性のある（最初から最後まで矛盾がない）トランザクション情報が

9

111

練習問題編

反映されていないことから、非一貫性バックアップといいます。

非一貫性バックアップで取得したデータファイルは、リストアするだけでは意味をなしません。リストア後、アーカイブREDOログファイルおよびオンラインREDOログファイルを使用して、変更履歴（トランザクション情報）を適用することでリカバリされ、利用可能な状態になります。

正解：C ☑☑☑

問題 23　　　　　　　　　　　　　　　　重要度 ★★★

RMANによるバックアップのメンテナンスについて正しい説明を2つ選びなさい。

- ☐ A. 高速リカバリ領域に格納されているバックアップは、UNAVAILABLE とマークすることはできない
- ☐ B. 一時的な理由により使用できないとわかっている場合、EXPIRED とマークできる
- ☐ C. UNAVAILABLE とマークされたバックアップは、RMAN のリカバリ操作で使用される
- ☐ D. 高速リカバリ領域にあるバックアップ、またはオペレーティングシステムのコマンドを使用して取得されたバックアップは、RMAN リポジトリにカタログ化しておくと、RMAN のリカバリ操作で使用できる

解説

バックアップが、一時的な理由（ディスクドライブが一時的にオフラインになっている、テープがオフサイトに格納されているなど）により使用できないとわかっている場合は、そのバックアップにUNAVAILABLEとマークできます。バックアップの情報はRMANリポジトリに保持されます（期限切れバックアップを削除した場合も削除されません）が、リカバリ操作でそのバックアップの使用が試行されることはありません。再度バックアップが使用可能になったときは、ステータスをAVAILABLEに戻せます。

高速リカバリ領域にあるバックアップ、またはオペレーティングシステムのコマンドを使用して取得されたバックアップは、RMANリポジトリにカタログ化しておくと、RMANのリカバリ操作で使用できます。

なお、高速リカバリ領域に格納されているバックアップは、UNAVAILABLEとマークすることはできません。

正解：A、D ☑☑☑

問題 24　　　　　　　　　　　　　　　　重要度 ★★★

RMANによるバックアップのメンテナンスについて正しい説明を2つ選びなさい。

112

9 バックアップおよびリカバリの実行

- ☐ A. ディスクへのバックアップは、RMAN リポジトリで示されたディスクの位置に存在し、ファイルヘッダーに破損がなければ USABLE とマークされる
- ☐ B. 欠落または破損しているバックアップは、EXPIRED とマークされる
- ☐ C. 期限切れバックアップを削除すると、EXPIRED とマークされているバックアップのレコードが削除される
- ☐ D. 期限切れバックアップとは、保存方針に基づいて不要になったと判断されたバックアップのことである

解説

バックアップのクロスチェックを行うと、RMANによって、バックアップの実際の物理ステータスがRMANリポジトリ内のバックアップのレコードと一致しているかが確認されます。

ディスクへのバックアップは、RMANリポジトリで示されたディスクの位置に存在し、ファイルヘッダーに破損がなければAVAILABLEとマークされます。欠落または破損しているバックアップは、EXPIREDとマークされます。

RMANリポジトリから期限切れバックアップを削除すると、EXPIREDとマークされているバックアップのレコードが削除されます。

不要バックアップとは、保存方針に基づいて不要になったと判断されたバックアップのことです。

正解：B、C ☑ ☑ ☑

問題 25　　　　　　　　　　重要度 ★★★

次の状態を示すバックアップの状態はどれですか。

バックアップはディスクまたはテープから削除されたが、リポジトリには表示される

- ○ A. INVALIDATE
- ○ B. AVAILABLE
- ○ C. EXPIRED
- ○ D. UNAVAILABLE

9

解説

バックアップの状態は、次の3つのうちいずれかになります。

状態	説明
AVAILABLE	リポジトリに記録されたとおりに、バックアップがディスクまたはテープに存在する
EXPIRED	バックアップはディスクまたはテープから削除されたが、リポジトリには表示される
UNAVAILABLE	バックアップは一時的に使用不可で、データのリカバリ操作に使用できない

113

「バックアップはディスクまたはテープから削除されたが、リポジトリには表示される」の状態は、EXPIREDです。

正解：C

問題 26　重要度 ★★★

クロスチェック時にアクセスできないバックアップすべてに付けられるマークはどれですか。

- A. OBSOLETE
- B. AVAILABLE
- C. EXPIRED
- D. UNAVAILABLE

解説

バックアップの管理には、ディスクまたはテープに存在するバックアップ自体の管理と、バックアップレコードの管理があります。バックアップレコードは、RMANリポジトリに格納され、バックアップセットとイメージコピーのリストを表示することができます。

さらに、リポジトリのクロスチェックを行い、リポジトリにリストされたバックアップが存在し、アクセス可能かどうかを確認できます。クロスチェック時にアクセスできないバックアップすべてに、EXPIREDマークが付けられます。よって、期限切れ（EXPIRED）バックアップのレコードをリポジトリから削除することができます。

正解：C

問題 27　重要度 ★★★

リカバリ時に UNDO データを必要とするものを選びなさい。

- A. 誤って表領域を削除した場合
- B. 誤って表を切り捨てた場合
- C. 誤って表を削除した場合
- D. 誤って DELETE し、COMMIT を実行した場合

解説

UNDOデータは、DML（INSERT、UPDATE、DELETEおよびMERGE文）を実行した場合に取得される変更前のデータです。「表領域の削除」（A）、「表の切り捨て」（B）、「表の削除」（C）のようなDDL実行時には取得されません。

そのため、「表領域の削除」（A）、「表の切り捨て」（B）、「表の削除」（C）のリカバリにUNDO

9　バックアップおよびリカバリの実行

データは不要です（UNDOデータを使ったリカバリはできません）。DELETE操作はUNDOデータが取得されますので、誤ってDELETEし、COMMITした場合でも、UNDOデータからリカバリを行うことができます。よって、UNDOデータが必要です。

正解：D

問題 28　重要度 ★★★

リカバリについての記述として正しいものを2つ選びなさい。

- ☐ A. 完全リカバリではロールフォワードおよびロールバック処理が行われる
- ☐ B. 不完全リカバリではアーカイブREDOログファイル、オンラインREDOログファイルを使用する
- ☐ C. 不完全リカバリではオンラインREDOログファイルのみ使用する
- ☐ D. 完全リカバリではロールフォワード処理のみ行われる

解説

リカバリには、ロールフォワードフェーズとロールバックフェーズがあります。ロールフォワードフェーズは、障害発生前の状態に戻しますが、そこにはコミットされていない変更も含まれる場合があります。そこで、ロールバックフェーズでは、トランザクションの一貫性を保証するためにロールバックする必要があります。

ロールフォワード処理のみでは、トランザクションの一貫性を保証できません。そのため、完全リカバリ、不完全リカバリともに、ロールフォワード処理のみが行われることはありません。したがってAは正解でDは不正解です。

完全リカバリおよび不完全リカバリでは、バックアップファイルをリストアした後に、アーカイブREDOログファイルおよびオンラインREDOログファイルを時間の古いものから順に適用します。このとき、不完全リカバリでは任意の時点でREDOログファイルの適用を中断します。オンラインREDOログファイルよりアーカイブREDOログファイルのほうが時間的に古いので、不完全リカバリといえども、オンラインREDOログファイルのみ使用するということはありません（Bは正解でCは不正解）。

したがって正解はA、Bです。

正解：A、B

問題 29　重要度 ★★★

メディアリカバリの種類として正しいものを3つ選びなさい。

- ☐ A. 増分リカバリ
- ☐ B. 完全リカバリ

115

練習問題編

☐ C. 不完全リカバリ
☐ D. Point-in-Time リカバリ

解説

メディアリカバリの種類は、次のとおりです。

リカバリの種類	説明
完全リカバリ……B	障害を受けたデータファイルのバックアップだけをリストアし、リカバリすることができる。アーカイブ REDO ログファイルおよびオンライン REDO ログファイル内のすべての変更が適用される。データベースは障害発生直前の状態に戻る
不完全リカバリ (Point-in-Time リカバリ)……C、D	障害を受けたファイルだけでなく、データベース全体のバックアップをリストアする。アーカイブ REDO ログファイルおよびオンライン REDO ログファイル内の変更は、バックアップを行った時点から指定した任意の時点までの変更が適用される。データベースを過去の指定した任意の時刻の状態に戻す

「不完全リカバリ」と「Point-in-Time リカバリ」は同じです。

したがって正解は B、C、D です。

正解：B、C、D ☑☑☑

問題 30

重要度 ★★★

誤って表の多数の行を削除しコミットをしました。データベースでフラッシュバック機能は有効になっています。他の表への影響を最小限にして表をリカバリしたい。適切な方法はどれですか。

○ A. フラッシュバック表
○ B. フラッシュバックデータベース
○ C. フラッシュバックバージョン問合せ
○ D. フラッシュバックトランザクション問合せ
○ E. フラッシュバック問合せ
○ F. フラッシュバックドロップ

解説

フラッシュバック機能を使用すると、過去の任意の時点に戻すことができます。フラッシュバック機能の種類は次の表のとおりです。

機能	リカバリに使用するソース	説明
フラッシュバック問合せ	UNDO データ	指定した任意の時点の問合せ結果を表示する

（※表は続く）

116

9　バックアップおよびリカバリの実行

機能	リカバリに使用するソース	説明
フラッシュバックバージョン問合せ	UNDO データ	指定した任意の期間内に表に存在していたすべての行のバージョンの結果を戻す
フラッシュバックトランザクション問合せ	UNDO データ	1 つのトランザクションまたは指定した期間内のすべてのトランザクションによって行われた変更の結果を戻す
フラッシュバック表	UNDO データ	誤って変更（UPDATE、DELETE など）された表を過去の時点に戻す
フラッシュバックドロップ	ごみ箱	ごみ箱に入れられた（削除した）表とその依存オブジェクトをごみ箱から戻す
フラッシュバックデータベース	フラッシュバックログ	データベースを過去の任意の時点に戻す

　フラッシュバック表を使用すると、人為的エラーまたはアプリケーションエラーが発生し、誤ってデータを更新（DML 操作）した場合に、表をデータ更新前の状態にリストアできます。ただし、表をフラッシュバックできる過去の時点は、システム内の UNDO データの量によって異なります。

正解：A ☑ ☐ ☐ ☑

問題 31　　　　　　　　　　　　　　　　　　　　　重要度 ★★★

　フラッシュリカバリ領域を理想的なサイズにするために、サイズを考慮しなければいけないファイルを 3 つ選びなさい。

☐ A. データファイルの全体バックアップ 2 つ分
☐ B. 増分バックアップ
☐ C. アーカイブ REDO ログファイル
☐ D. オンライン REDO ログファイル

解説

　フラッシュリカバリ領域とは、高速リカバリ領域のことです。
　高速リカバリ領域は、障害発生時のリカバリに必要なファイルを確保するための領域なので、アーカイブログファイル、データベースファイルのバックアップ、フラッシュバックログ、多重化制御ファイルおよび多重化 REDO ログファイルを格納します。
　オンラインで使用している REDO ログファイル、制御ファイルおよびデータファイルは格納しません（D は不正解）。
　高速リカバリ領域の理想的なサイズとして、次のものが確保できる大きさを推奨しています。

● データファイルの全体バックアップ 2 つ分
● 増分バックアップ

117

- アーカイブ REDO ログファイル

したがって、正解は A、B、C です。

正解：A、B、C

問題 32　重要度 ★★★

バックアップ、リカバリに関する操作を自動管理するために必要な条件を選びなさい。

○ A. 高速リカバリ領域を設定し、アーカイブ REDO ログファイルの保存先として使用する
○ B. 高速リカバリ領域を設定し、アーカイブ REDO ログファイルは別の領域に保存する
○ C. 高速リカバリ領域を設定解除し、アーカイブ REDO ログファイルの保存先として使用する
○ D. 高速リカバリ領域を設定解除し、アーカイブ REDO ログファイルを別の領域に保存する

解説

　高速リカバリ領域とは、バックアップ、リカバリに関わるファイルを自動管理するために用いる領域です。自動管理とは、データベース管理者が決めたバックアップファイルの保存方針に基づいて、高速リカバリ領域内の不要なファイルを自動削除することです。

　アーカイブ REDO ログファイルはログスイッチが発生するたびに作成されますが、新たにデータファイルのバックアップを取得すれば、それ以前のトランザクション情報を保存していたアーカイブ REDO ログファイルは不要になります。アーカイブ REDO ログファイルの保存先を高速リカバリ領域とすることで、不要になったアーカイブ REDO ログファイルは自動削除されます。

　したがって正解は A です。

正解：A

問題 33　重要度 ★★★

フラッシュバック表機能を実行するときに使用するソースを 1 つ選びなさい。

○ A. REDO ログファイル
○ B. UNDO 表領域
○ C. 一時表領域
○ D. SYSAUX 表領域

118

9 バックアップおよびリカバリの実行

解説

　フラッシュバック表機能を実行するためにはアクティブな UNDO データが必要です。アクティブな UNDO データは、UNDO 表領域 (B) に格納されています。したがって正解は B です。

　UNDO 表領域から消えた（他のセッションに上書きされた）UNDO データは、使用できません。REDO ログファイル (A) にも UNDO データが含まれていますが、REDO ログファイル内の UNDO データはアクティブではないため、フラッシュバック表機能を実行するためには使用できません。

　なお、一時表領域 (C) にはソート処理などに必要となる一時セグメントが格納されます。SYSAUX 表領域 (D) は、SYSTEM 表領域の補助的データが格納されます。いずれも UNDO データは格納されません。

正解：B ☑☑☑

問題 34　　重要度 ★★★

　次のような操作をしました。

```
DROP TABLE test;
CREATE TABLE test .....;
```

　その後、test 表にいくつかの行を挿入し、次を実行しました。

```
DROP TABLE test;
FLASHBACK TABLE test TO BEFORE DROP;
```

　この結果について正しいものはどれですか。

- ○ A. 2 番目の TEST 表の構造とデータがリカバリされる
- ○ B. 1 番目の TEST 表の構造とデータがリカバリされる
- ○ C. 2 番目の TEST 表の構造のみリカバリされる
- ○ D. 1 番目の TEST 表の構造のみリカバリされる
- ○ E. ごみ箱に同じ名前のオブジェクトが 2 つあるため、フラッシュバック操作は正常に実行できない

解説

　FLASHBACK TABLE コマンドは、表の構造およびデータをリカバリします。よって、構造のみリカバリするという選択肢は誤りです。

　ごみ箱には、削除された履歴が管理されています。同じ名前の表が削除された場合、TO BEFORE DROP は、削除された最新の表をリカバリします。

正解：A ☑☑☑

119

10 Oracleソフトウェアのインストールとデータベースの作成・アップグレード

練習問題編

学習日		
/	/	/

本章の出題範囲の内容は次のとおりです。

- Oracle データベースソフトウェアのインストール
- Oracle データベースの作成
- ソフトの最新バージョンやパッチを使用した Oracle データベースソフトウェアの更新
- データベースのアップグレード

本章では、環境変数や root で行う設定など、Linux/UNIX におけるインストールに関して問われます。
DBCA においても何ができるか確認しておきましょう。

問題 1

重要度 ★★★

環境変数 ORACLE_BASE について正しい説明を 2 つ選びなさい。

- ☐ A. Oracle ソフトウェアのベースディレクトリである
- ☐ B. Oracle ソフトウェアをインストールするディレクトリである
- ☐ C. Oracle データベースファイルを配置するディレクトリである
- ☐ D. 設定は任意である

解説

ORACLE_BASE は、Optimal Flexible Architecture（OFA）を使用する場合に設定する環境変数で、Oracle ディレクトリ構造のトップディレクトリ（最上階層）を指定し、ベース（基準／基礎）となるディレクトリです。

OFA とは、所有するユーザーおよびバージョンの異なる複数のデータベースがコンピュータ上に共存できるように、Oracle ディレクトリおよびファイルを適切に配置および構成するためのガイドラインです。OFA を使用しない（ガイドラインに従わない）場合、ORACLE_BASE 環境変数の設定は必須ではありません。したがって正解は A、D です。

正解：A、D

120

10 Oracle ソフトウェアのインストールとデータベースの作成・アップグレード

問題 2　重要度 ★★★

環境変数 ORACLE_HOME について正しい説明を 1 つ選びなさい。

○ A. Oracle ソフトウェアのベースディレクトリである
○ B. Oracle ソフトウェアをインストールするディレクトリである
○ C. Oracle データベースファイルを配置するディレクトリである
○ D. 設定は任意である

解説

ORACLE_HOME は、Oracle ソフトウェアをインストールするディレクトリで、OFA に従い、ORACLE_BASE 配下に作成することが推奨されています。したがって正解は B です。

正解：B ☐☐☐

問題 3　重要度 ★★★

OUI の説明として正しいものを 3 つ選びなさい。

☐ A. インストール前の前提条件のチェックができる
☐ B. 新規データベースの作成ができる
☐ C. 使用しない Oracle 製品の削除ができる
☐ D. インストールされている Oracle 製品を一覧表示することができる

解説

OUI（Oracle Universal Installer）は、次のことができます。

● Oracle 製品のインストール
● インストールされている Oracle 製品の一覧表示……D
● インストール前の前提条件のチェック……A
● 使用しない Oracle 製品の削除（アンインストール）……C

したがって正解は A、C、D です。

正解：A、C、D ☐☐☐

10

問題 4　重要度 ★★★

Oracle ソフトウェアをインストールするうえでの前提条件として正しいものを 2 つ選びなさい。

121

練習問題編

- ☐ A. 一時領域（/tmp）は、1GB 以上
- ☐ B. 物理メモリーは、4GB 以上
- ☐ C. スワップ領域（ページング領域）は、1.5GB 以上
- ☐ D. Oracle ソフトウェア用使用領域は、500MB 以上

解説

Oracle ソフトウェアをインストールするにあたり、ハードウェアやソフトウェアには満たさなければいけない条件があります。

メモリーおよびディスクに対する前提条件は次のとおりです。

メモリー／ディスク	前提条件
物理メモリー	1GB
一時領域（/tmp）	1GB
スワップ領域（ページング領域）	1.5GB
Oracle ソフトウェア用使用領域	6.1GB
事前構成済みのデータベース用使用領域	2GB

したがって正解は A、C です。

正解：A、C ☑☑☑

問題 5

重要度 ★★★

Oracle ソフトウェアをインストールするうえでの前提条件が満たされているかどうか、OUI がチェックする項目として正しいものを 3 つ選びなさい。

- ☐ A. OS のバージョンは適切か
- ☐ B. OS に適切なパッチが適用されているか
- ☐ C. root のパスワードが oracle 以外に設定されているか
- ☐ D. システムパラメータやカーネルパラメータが適切に設定されているか

解説

OUI は、Oracle ソフトウェアのインストール時に、対象のハードウェアやソフトウェアが前提条件を満たしているかチェックします。

メモリーおよびディスクに対する前提条件のほかに、次の要件を満たしているかもチェックします。

- ● OS のバージョン……A
- ● OS に適用されているパッチ……B
- ● システムパラメータやカーネルパラメータ……D

- ファイルシステムの形式

したがって正解はA、B、Dです。

正解：A、B、D

問題6

重要度 ★★★

OUIを使用してOracle製品をインストール中に、前提条件を満たしていないという警告メッセージが表示されました。正しい対応を次の中から1つ選びなさい。

- A. 速やかにOUIを中断しなければいけない
- B. OUIを中断せずに対応できる条件であれば、メッセージが示す該当箇所について適切なタイミングで対応すればよい
- C. どんなエラーが発生しても、無視してOUIの処理を継続する
- D. いったんインストールを中断し、rootユーザーで再度インストールをやり直す

解説

Oracleソフトウェアをインストールするにあたり、ハードウェアやソフトウェアには満たさなければいけない条件があります。

OUIはインストール前に、前提条件を満たしているかどうかをチェックします。エラーが発生している場合はOUIを中断してエラーの原因を取り除く必要がありますが、警告の場合は、OUIを中断しなくても、インストールを継続しながら前提条件を満たすように対応することも可能です。したがって正解はBです。

正解：B

問題7

重要度 ★★★

環境変数について、正しい説明を1つ選びなさい。

- A. Linuxにおいて、環境変数は事前に設定しておかなければいけない
- B. 環境変数はOUIの実行時に設定されるので、すべてのOSにおいて事前に設定してはいけない
- C. Linuxにおいて、環境変数は事前に設定しておくほうがよい
- D. Linuxにおいて、環境変数は事前に設定しておくとエラーになる

解説

環境変数はOUIの実行時に設定されるので、事前に設定しておく必要はありません。しかし、

練習問題編

Linux、UNIXの場合、事前に設定した値がOUIのデフォルト値となるので、インストールを容易にするために事前に設定しておくほうがよいことになります。したがって正解はCです。

正解：C ☑☑☑

問題8　　　　　　　　　　　　　　　　　　重要度 ★★★

Linux、UNIX 環境において設定が必須である環境変数を3つ選びなさい。

☐ A. ORACLE_BASE
☐ B. ORACLE_HOME
☐ C. ORACLE_SID
☐ D. LD_LIBRARY_PATH

解説

ORACLE_BASE（A）は、Optimal Flexible Architecture（OFA）を使用する場合に設定する環境変数で、Oracleディレクトリ構造のトップディレクトリ（最上階層）を指定します。OFAの使用は任意です。したがって、ORACLE_BASE環境変数の設定は必須ではありません。

LD_LIBRARY_PATH（D）は、Oracleが使用するライブラリファイルのパスを設定する環境変数で、Linux、UNIXの場合は必ず設定する必要があります。

ORACLE_HOME（B）、ORACLE_SID（C）も、Linux、UNIXの場合、必ず設定する必要があります。

したがって正解はB、C、Dです。

正解：B、C、D ☑☑☑

問題9　　　　　　　　　　　　　　　　　　重要度 ★★★

環境変数 ORACLE_SID について正しい説明を1つ選びなさい。

○ A. Oracle データベースファイルの名前である
○ B. Oracle インスタンスの名前である
○ C. Oracle システム管理者の識別子である
○ D. 設定は任意である

解説

Oracleはリレーショナルデータベース管理システム（RDBMS）であり、メモリーとプロセスから構成されるインスタンスと、物理的なファイル群であるデータベースファイルから構成されています。インスタンスとデータベースファイル（群）には、それぞれ名前を付けて管理します。ORACLE_SIDには、インスタンスの名前（システム識別子ともいう）を設定します。ORACLE_

124

10 Oracle ソフトウェアのインストールとデータベースの作成・アップグレード

SIDは必ず設定する必要があります。

したがって正解はBです。

正解： B

問題 10　　　　　　　　　　　　　　　　　　　　　　　　重要度 ★★★

環境変数 LD_LIBRARY_PATH について正しい説明をすべて選びなさい。

☐ A. Oracle ディレクトリ構造のトップディレクトリを検索するパスである
☐ B. Oracle ソフトウェアをインストールしたディレクトリを検索するパスである
☐ C. 共有オブジェクトライブラリを検索するパスである
☐ D. Linux、UNIX において設定は任意である

解説

LD_LIBRARY_PATHは、Oracle独自の環境変数ではなく、OSが使用する共有オブジェクトライブラリを検索するパスです。したがってA、Bは不正解で、正解はCです。

Linux、UNIX環境においては、LD_LIBRARY_PATHの設定が必要です（Dは不正解）。

正解： C

問題 11　　　　　　　　　　　　　　　　　　　　　　　　重要度 ★★★

oraenv について正しい説明を 1 つ選びなさい。

○ A. c シェル用のファイルである
○ B. 実行すると、新しく設定する ORACLE_HOME の値を聞いてくる
○ C. 実行すると、新しく設定する ORACLE_SID と ORACLE_HOME の値を聞いてくる
○ D. ファイル内には、ORACLE_SID と ORACLE_HOME の値が記載されている

解説

oraenv、coraenv および dbhomeを実行すると、現行の環境変数を設定するプロンプトが表示されます。

dbhomeを実行するとORACLE_HOME環境変数の値を、oraenvとcoraenvを実行すると、ORACLE_SID環境変数とORACLE_HOME環境変数の値を設定するプロンプトが表示されます。したがってBは不正解で正解はCです。coraenvがoraenvのcシェル用のファイルで、oraenvはcシェル用のファイルではありません（Aは不正解）。

なお、Dの記述について、ファイル内にORACLE_SIDとORACLE_HOMEの値が記載されているのは、/etc/oratabファイルです。

正解： C

10

125

練習問題編

問題 12

重要度 ★★★

次の図を見て答えなさい。

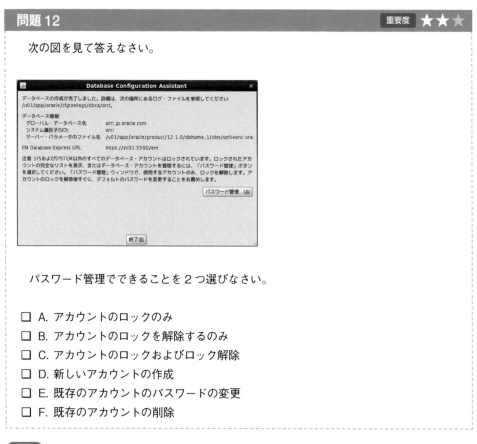

パスワード管理でできることを2つ選びなさい。

☐ A. アカウントのロックのみ
☐ B. アカウントのロックを解除するのみ
☐ C. アカウントのロックおよびロック解除
☐ D. 新しいアカウントの作成
☐ E. 既存のアカウントのパスワードの変更
☐ F. 既存のアカウントの削除

解説

DBCAにおけるデータベース作成が終了すると設問の画面が表示されます。
［パスワード管理］ボタンをクリックして、インストール済のデータベースアカウントを一覧し、アカウントのロックまたはロック解除およびパスワードの変更をすることができます。既存アカウントの削除や新規作成はできません。

正解：C、E

問題 13

重要度 ★★★

次の中から DBCA で設定できる事項を3つ選びなさい。

☐ A. 高速リカバリ領域の指定
☐ B. サンプルスキーマの作成
☐ C. 自動メモリー管理の使用
☐ D. RAC（Oracle Real Application Clusters）の使用

10 Oracle ソフトウェアのインストールとデータベースの作成・アップグレード

解説

DBCA では、データベースの作成時に次の事項を設定することができます。

- 高速リカバリ領域の指定……A
- サンプルスキーマの作成……B
- 自動メモリー管理の使用……C
- デフォルトの接続モード（専用サーバー接続か共有サーバー接続か）
- キャラクタセット
- メモリーサイズ（SGA および PGA）を含む初期化パラメータ
- 自動メンテナンスタスクの有効化
- 高度セキュリティ設定

したがって正解は A、B、C です。

D の記述にある RAC（Oracle Real Application Clusters）とは、複数のコンピュータに処理を分散するクラスタリング機能のことで、DBCA を使用して RAC 構成にするか否かを設定することはできません。

正解：A、B、C ☑ ☑ ☑

問題 14　　　　　　　　　　　　　　　　　　　　　　重要度 ★★★

テンプレートの作成方法について正しい説明を 3 つ選びなさい。

- ☐ A. ［既存のデータベースを使用（構造のみ）］オプションでは、元のデータベースと同様の構造にするが、そのデータは含めないで新しいデータベースを作成する場合に使用する
- ☐ B. ［既存のデータベースを使用（データおよび構造）］オプションでは、ユーザー定義スキーマとそのデータがテンプレートに含まれる
- ☐ C. ［既存のデータベースを使用（構造のみ）］オプションでは、データベースオプション、表領域、データファイル、初期化パラメータなどの構造情報が含まれる
- ☐ D. ［既存のデータベースを使用（データおよび構造）］オプションでは、元のデータベースは、ローカルにあってもリモートにあってもかまわない

解説

テンプレートを作成するには、次のオプションのいずれかを選択します。

オプション	説明
既存のテンプレートを使用	事前構成済みのテンプレート設定に基づく新しいテンプレートを作成できる。初期化パラメータ、記憶域パラメータ、カスタムスクリプトを使用するかどうかなどのテンプレート設定を、追加または変更できる

（※表は続く）

10

127

練習問題編

オプション	説明
既存のデータベースを使用（構造のみ）	既存のデータベースの構造情報（データベースオプション、表領域、データファイル、初期化パラメータなど）を持つ新しいテンプレートを作成できる。ユーザー定義スキーマとそのデータは、作成するテンプレートには含まれない。元のデータベースは、ローカルにあってもリモートにあっても構わない
既存のデータベースを使用（データおよび構造）	既存のデータベースの構造情報と、既存のデータベースの物理データファイルの両方を含む新しいテンプレートを作成できる。ユーザー定義スキーマとそのデータは、作成するテンプレートにも含まれる。このテンプレートを使用して作成したデータベースは、元になるデータベースと同一になる。元のデータベースは、ローカルにある必要がある

したがって正解はA、B、Cです。

正解：A、B、C ☑☑☑

問題 15

重要度 ★★★

DBCA でできることはどれですか（3 つ選びなさい）。

- ☐ A. 高速リカバリ領域の構成
- ☐ B. ARCHIVELOG モードの設定
- ☐ C. 共有サーバーアーキテクチャの構成
- ☐ D. リスナーの静的サービス登録
- ☐ E. EM Express の設定
- ☐ F. Cloud Control エージェントのインストール

解説

DBCA（Oracle Database Configuration Assistant）は、データベースの作成時に、初期化パラメータファイル（SPFILE）に定義するパラメータの設定を行うことができます。

「高速リカバリ領域の構成」は、パラメータを定義することで設定できます（A は正解）。「共有サーバーアーキテクチャ」は、DISPATCHERS パラメータを定義することで設定できます（C は正解）。

また、DBCA は、ARCHIVELOG モードと NOARCHIVELOG モードのどちらで運用するかをデータベース作成時に設定することもできます（B は正解）。

データベース作成とは関係のない次の事項は設定することはできません。

- リスナーの静的サービス登録（Net Manager、Net Configuration Assistant で設定することができます）
- EM Express の設定

128

10 Oracle ソフトウェアのインストールとデータベースの作成・アップグレード

● EM Cloud Control エージェントのインストール

正解：A、B、C　☑ ☑ ☑

問題 16　　　　　　　　　　　　　　　　　　　重要度 ★★★

DBCA でできることを 3 つ選びなさい。

☐ A. データベースの作成
☐ B. データベースの削除
☐ C. テンプレートの管理
☐ D. データベースのバージョンアップ

解説

DBCA（Oracle Database Configuration Assistant）は、データベースの作成（A）、削除（B）およびテンプレートの管理（C）ができるツールです。

すべての設定を一から指定しながらデータベースを作成したり、Oracle から提供されているテンプレートをもとにデータベースを作成することができます。また、あらかじめ構成されているシードデータベースをコピーして独自のデータベースを作成することもできるため、新しいデータベースの生成とカスタマイズにかかる時間と手間を軽減できます。なお、データベースのバージョンアップ（D）は行いません。

したがって正解は A、B、C です。

正解：A、B、C　☐ ☐ ☐

問題 17　　　　　　　　　　　　　　　　　　　重要度 ★★★

データベーステンプレートについて、正しい説明を 2 つ選びなさい。

☐ A. OUI を使用するとテンプレートの作成および管理ができる
☐ B. テンプレートは、データベースの作成に必要な情報を XML ファイルとして保存する
☐ C. シードテンプレートには、データファイルが含まれている
☐ D. 非シードテンプレートには、データファイルが含まれている

解説

OUI（Oracle Universal Installer）は、Oracle 製品のインストールや削除ができるツールで、テンプレートの作成および管理や、データベースの作成をするツールではありません。

テンプレートの作成および管理ができるのは、DBCA です（A は不正解）。テンプレートは、データベース作成に必要な次の情報を XML ファイルとして保存します（B は正解）。

10

129

練習問題編

- データベースオプション
- 初期化パラメータ
- 記憶域属性（データファイル、表領域、制御ファイルおよびオンラインREDOログの属性）
  など

テンプレートには、シードテンプレートと非シードテンプレートの2種類があります。

タイプ	データファイルの有無	説明
シードテンプレート	有	次が含まれる。 ・データベースの構造 ・物理データファイル（Cは正解） このテンプレートを基にしてデータベースを作成する場合は、シードデータベース（物理ファイル作成済み）をコピーするだけなので、短時間で作成できる
非シードテンプレート	無	作成するデータベースの特性が設定されたテンプレート。 データファイルが含まれておらず（Dは不正解）、データベースを最初から作成する場合に使用する。 データファイルおよびオンラインREDOログを作成でき、名前、サイズ、その他の属性を必要に応じて変更できる

したがって正解はB、Cです。

正解： B、C ☑☑☑

130

問題 18

重要度 ★★★

次の図はインストールの手順を示しています。空いているところを正しく埋めているのはどれですか。

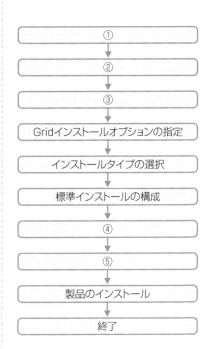

(ア) セキュリティアップデートの構成
(イ) 前提条件のチェック
(ウ) ソフトウェア更新のダウンロード
(エ) サマリー
(オ) インストールオプションの選択

- A. ①:(イ)、②:(オ)、③:(ア)、④:(ウ)、⑤:(エ)
- B. ①:(オ)、②:(イ)、③:(ウ)、④:(エ)、⑤:(ア)
- C. ①:(ウ)、②:(オ)、③:(イ)、④:(エ)、⑤:(ア)
- D. ①:(ア)、②:(ウ)、③:(オ)、④:(イ)、⑤:(エ)

解説

インストールの手順は次の図のとおりです。

練習問題編

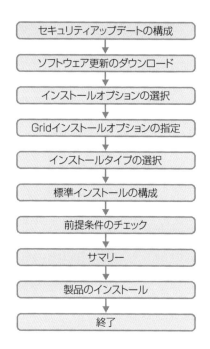

　①セキュリティアップデートの構成では、My Oracle Supportからセキュリティ問題に関する通知や更新を受け取るか否かなどを入力します。
　②ソフトウェア更新のダウンロードでは、最新の更新を自動的にダウンロードするか否かなどを入力します。
　③インストールオプションの選択では、「ソフトウェアのインストールのみ」か「(ソフトウェアのインストール後に) データベースの作成および構成」も行うのか「既存のデータベースのアップグレード」を行うのかを選択します。
　④前提条件のチェックでは、インストールに必要なシステム要件を満たしているかどうかチェックが行われます。インストールの最小要件を満たしていない場合は、修正スクリプトと呼ばれるスクリプトが作成されます。
　⑤サマリーでは、インストール時の選択項目のサマリーが表示されます。

正解：D ✓✓✓

問題 19　　重要度 ★★★

　OUIを使用してインストールしているときに次の画面が表示されました。この画面に関する正しい説明を2つ選びなさい。

10　Oracle ソフトウェアのインストールとデータベースの作成・アップグレード

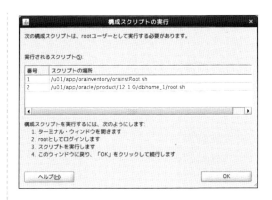

- □ A. orainstRoot.sh は Oracle ユーザーで実行し、root.sh は root ユーザーで実行しなければいけない
- □ B. root.sh を実行すると、/etc/oratab ファイルが作成または編集される
- □ C. orainstRoot.sh を実行すると、指定したディレクトリに oraenv、coraenv および dbhome ファイルがコピーされる
- □ D. orainstRoot.sh を実行すると、インベントリポインタファイル（/etc/orainst.loc）が作成される

解説

orainstRoot.sh および root.sh は root ユーザーで実行します（A は不正解）。

orainstRoot.sh を実行すると、インベントリポインタファイル（/etc/orainst.loc）が作成されます（D は正解）。インベントリポインタファイルには、インベントリ（インストールした Oracle 製品）の場所と管理グループが記録されます。

root.sh を実行すると、指定したディレクトリに oraenv、coraenv および dbhome ファイルがコピーされます（C は不正解）。また、/etc/oratab ファイルが作成または編集されます（B は正解）。

したがって正解は B、D です。

正解：B、D

問題 20

重要度 ★★★

データベーステンプレートについて、正しい説明を 1 つ選びなさい。

- ○ A. 非シードテンプレートを使用すれば、既存のデータベースのクローン（複製）を作成できるため、時間を節約できる
- ○ B. あるマシンから別のマシンにテンプレートをコピーすることはできない
- ○ C. データベースオプションは、テンプレートの設定から変更できない
- ○ D. テンプレートを使用すると、データベースを定義する必要がない

練習問題編

解説

　テンプレートには、データベースオプション、初期化パラメータ、記憶域属性（データファイル、表領域、制御ファイルおよびオンラインREDOログの属性）などの情報が含まれているため、テンプレートを使用すると、データベースを定義する必要がありません。したがって正解はDです。

　テンプレート内のデータベースオプションは変更できます。また、異なるコンピュータ間でテンプレートをコピーすることができます。そのため、B、Cは不正解です。

　さらに、シードテンプレートを使用すれば、既存の（シード）データベースの構造および物理データファイルの両方が含まれているため、コピーすることで既存のデータベースのクローン（複製）を作成でき、一からデータベースを作成するよりも時間を節約できます。Aは「非シードテンプレート」とあるので不正解です。

正解：D ✓ ✓ ✓

問題 21　　重要度 ★★★

　パッチについて正しいものはどれですか。

- ○ A. 最新の製品修正プログラムであり、製品を最新状態に保つものである
- ○ B. 製品修正プログラムを含むとともに、常に新機能を導入する
- ○ C. インストールした状態を維持するための製品修正の集合である
- ○ D. 異なるプラットフォーム間で動作するように修正したプログラムである

解説

　パッチとは、ソフトウェアの製品修正プログラムです。パッチを適用することで、製品をバージョンアップせずに最新の状態にすることができます（Aは正解）。

　パッチは製品修正のみで、新機能を含むものではありません（Bは不正解）。また、インストールした状態を維持することや異なるプラットフォーム間での動作を保証するためのものではありません。（C、Dは不正解）。

正解：A ✓ ✓ ✓

問題 22　　重要度 ★☆☆

　次の中から正しい説明を2つ選びなさい。

- ☐ A. オラクル社では、パッチリリースと呼ばれるソフトウェアの製品修正パッチを定期的に公開している
- ☐ B. パッチリリースには、製品修正パッチと新機能が含まれる

134

10 Oracle ソフトウェアのインストールとデータベースの作成・アップグレード

☐ C. パッチリリースの適用によって、Oracle ホーム内のソフトウェアに変更が適用される

☐ D. パッチリリースの適用によって、データベースがアップグレードまたは変更される

解説

オラクル社では、パッチリリースと呼ばれる Oracle ソフトウェアの製品修正パッチを定期的に公開しています（A は正解）。

パッチリリースは製品修正パッチのみで、新機能を含むものではありません（B は不正解）。また、パッチリリースの適用によって影響を受けるのは、Oracle ホーム内のソフトウェアのみであり、データベースがアップグレードまたは変更されることはありません（C は正解で D は不正解）。

したがって正解は A、C です。

正解：A、C ☑☑☑

問題 23　　　　　　　　　　　　　　　　　　重要度 ★★★

データベースのアップグレードを行うツールを 1 つ選びなさい。

○ A. Oracle Database Configuration Assistant

○ B. Database Upgrade Assistant

○ C. Oracle Net Manager

○ D. Oracle Enterprise Manager

解説

選択肢の各ツールの説明を次の表に示します。

名称	説明
Oracle Database Configuration Assistant (DBCA)……A	データベースの作成、削除を行う
Database Upgrade Assistant (DBUA)……B	データベースのアップグレードを行う
Oracle Net Manager……C	ネット構成ファイル（sqlnet.ora、listener.ora、tnsnames.ora）の編集を行う
Oracle Enterprise Manager……D	ブラウザベースの管理ツール。Oracle データベースシステムの起動および停止を含む総合的な管理を行う

したがって、正解は B です。

正解：B ☑☑☑

10

135

練習問題編

問題 24　重要度 ★★★

Database Upgrade Assistant（DBUA）の説明として正しいものをすべて選びなさい。

- ☐ A. 対話形式のみサポートされる
- ☐ B. アップグレード処理の詳細なトレースおよびログファイルと、アップグレード後に参照するための XML ファイル、HTML レポートを作成する
- ☐ C. 表領域や REDO ログファイルなどの構成オプションについて推奨値を提供する
- ☐ D. アップグレードされたデータベースの新規ユーザーアカウントを自動的にロックする

解説

Database Upgrade Assistant（DBUA）は、既存のデータベースをアップグレードすることができます。

対話形式でもサイレントモードでも実行可能で、アップグレード手順を自動化し、表領域や REDO ログファイルなどの構成オプションについて推奨値を提供します（A は不正解で C は正解）。アップグレード実行中には各コンポーネントのアップグレード処理の進行状態が表示され、詳細なトレースおよびログファイル、処理の終了後に参照するための HTML レポートが作成されます（B は正解）。また、セキュリティ強化のために、DBUA はアップグレードされたデータベース内の新規ユーザーアカウントを自動的にロックします（D は正解）。

したがって正解は B、C、D です。

正解：B、C、D　☑☑☑

136

本章の出題頻度 ★★★☆

練習問題編

11 Oracle ネットワーク環境の構成

学習日
/ / /

本章の出題範囲の内容は次のとおりです。

- Oracle Network 構成の説明
- Enterprise Manager ネットサービス管理ページを使用した Oracle Network 構成の構成
- リスナー制御ユーティリティの使用
- Oracle データベースにアクセスするためのクライアントの構成

重要

本章では、簡易接続ネーミングとローカルネーミング、そして lsnrctl を中心に出題されます。

簡易接続ネーミングでは、記述の仕方と特徴を答えられるようにしましょう。ローカルネーミングでは、tnsnames.ora ファイルを設定する必要があることを思い出しておきましょう。

lsnrctl では、コマンドとコマンドの実行結果（たとえば、status コマンド）についても問われる可能性があります。

基本事項をしっかり復習しておきましょう。

問題 1   重要度 ★★★

クライアント／サーバー形式で Oracle を利用する場合に必要な条件として正しいのはどれですか。

- A. サーバーにのみ Oracle Net を構成する
- B. クライアントにのみ Oracle Net を構成する
- C. プロトコルに TCP/IP を使用する場合は、サーバーにのみ Oracle Net を構成する
- D. サーバーとクライアントに Oracle Net を構成する
- E. プロトコルに TCP/IP を使用する場合は、クライアントにのみ Oracle Net を構成する

解説

クライアントから Oracle データベースへネットワーク接続するためには、サーバー側とクライアント側の両方に Oracle Net をインストールしておく必要があります。

Oracle Net は、Oracle データベースへのネットワーク接続機能を提供するコンポーネントです。

練習問題編

Oracle データベースソフトウェアまたはクライアントソフトウェアをインストールすると、一緒にインストールされます。

Oracle Net により、クライアントと Oracle データベースサーバー間への接続が確立され、メッセージ交換が行われます。

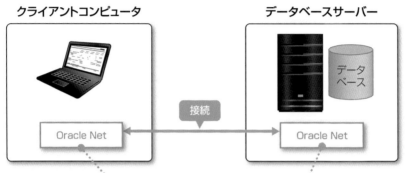

ネットワーク経由で接続するためには、クライアントコンピュータとデータベースサーバーの両方に「Oracle Net」をインストールしておく必要がある

サーバー側およびクライアント側には、TCP/IP プロトコルがインストールされている必要がありますが、インストールされていれば Oracle Net が不要というわけではありません。

正解：D

問題 2

重要度 ★★★

アプリケーションサーバーを経由し、クライアントからは Web ブラウザを使用して Oracle データベースに接続することを考えています。正しい説明を 1 つ選びなさい。

- A. データベースサーバーにのみ Oracle Net を構成する
- B. アプリケーションサーバーにのみ Oracle Net を構成する
- C. アプリケーションサーバーとクライアントに Oracle Net を構成する
- D. データベースサーバーとクライアントに Oracle Net を構成する
- E. データベースサーバーとアプリケーションサーバーに Oracle Net を構成する

解説

アプリケーションサーバーを経由し、クライアントからは Web ブラウザを使用して Oracle データベースに接続する場合には、サーバー側とアプリケーションサーバー側に Oracle Net をインストールします。データベースから見れば、アプリケーションサーバーがクライアントに該当するので、アプリケーションサーバー側に Oracle Net をインストールします。ユーザーが直接使用するクライアントコンピュータには Oracle Net をインストールする必要はありません。

11 Oracle ネットワーク環境の構成

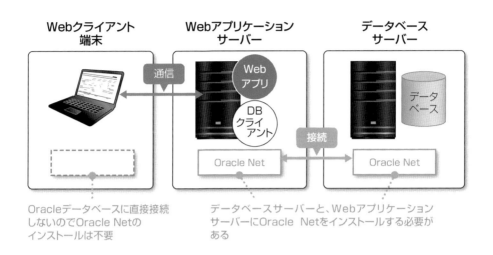

Oracleデータベースに直接接続しないのでOracle Netのインストールは不要

データベースサーバーと、WebアプリケーションサーバーにOracle Netをインストールする必要がある

正解：E

問題 3　重要度 ★★★

TCP/IP プロトコルのリスナーを構成するのに必須なものはどれですか（2つ選びなさい）。

- □ A. ホスト名または IP アドレス
- □ B. ポート番号
- □ C. ログファイルの保存先
- □ D. IPC キー値
- □ E. トレースファイルの保存先

解説

リスナーを構成する際に記載する情報は次のとおりです。

正解：A、B

練習問題編

問題 4 重要度 ★★★

　リモートアプリケーションからデータベースインスタンスに接続できるように構成したい。どのツールを使いますか（2つ選びなさい）。

- ☐ A. netca
- ☐ B. netmgr
- ☐ C. DBCA
- ☐ D. EM Express

解説

　リモートアプリケーションからデータベースインスタンス（データベース）に接続できるように構成するためには、クライアント側とデータベースサーバー側にOracleネットワークの構成（tnsnames.oraファイルの作成やリスナーの設定など）が必要です。

　netca（Oracle Net Configuration Assistant）とnetmgr（Oracle Net manager）は、Oracleネットワークの構成と管理に使用するツールです。netcaは、ウィザードを使用して構成情報を登録します。

　DBCA（Database Configuration Assistant）は、データベースの作成やデータベース作成用のテンプレートの管理を行うツールです。

　EM Express（Enterprise Manager Database Express）は、1つのデータベースを管理するツールです。

正解：A、B ☑☑☑

問題 5 重要度 ★★★

```
SQL> CONNECT scott/tiger@srv1/orcl
```

　上記で使用されたネーミングメソッドはどれですか。

- ○ A. 簡易接続ネーミング
- ○ B. ローカルネーミング
- ○ C. 外部ネーミング
- ○ D. グローバルネーミング

解説

　Oracle Netでサポートしているネーミングメソッドは、次のとおりです。

- ● 簡易接続ネーミング

140

11　Oracle ネットワーク環境の構成

- ● ローカルネーミング
- ● ディレクトリネーミング

　簡易接続ネーミングでは、クライアントはTCP/IPを使用して接続し、次のようにホスト名、リスナーのポート番号およびサービス名を記述します。

ユーザー名/パスワード@ホスト名:リスナーのポート番号/サービス名

　ただし、デフォルトリスナー(ポート 1521)を使用する場合は、省略できます。
　ローカルネーミングは、接続情報を tnsnames.ora ファイルに記載し、ユーザー名とパスワードの後には、@に続けてネットサービス名を指定します(「/サービス名」は記述しません)。
　ディレクトリネーミングは、データベースにアクセスするための接続識別子を LDAP 準拠のディレクトリサーバーに格納します。

正解：A ☑ ☑ ☑

問題6

重要度 ★★★

```
SQL> CONNECT scott/tiger@srv1/orcl
```

　上記で使用されたネーミングメソッドについて正しい説明を3つ選びなさい。

- ☐ A. プロトコルは IPC である
- ☐ B. プロトコルは TCP/IP である
- ☐ C. ホスト名は srv1 である
- ☐ D. ホスト名は orcl である
- ☐ E. データベース名は srv1 である
- ☐ F. データベース名は orcl である

解説

　設問のネーミングメソッドは簡易接続ネーミングです。
　簡易接続ネーミングの記述方法は、次のとおりです(リスナーのポート番号は 1521 であれば省略できます)。

ユーザー名/パスワード@ホスト名:リスナーのポート番号/サービス名

正解：B、C、F ☑ ☑ ☑

141

問題 7　重要度 ★★★

簡易接続ネーミングの特徴について正しいのはどれですか。

- A. 構成する必要がない
- B. TCP/IP 以外のプロトコルが使用できる
- C. 構成情報をファイルに保管する
- D. リスナーを不要とする

解説

簡易接続ネーミングでは、クライアントはTCP/IPを使用して接続し、ユーザー名とパスワードの後には、@に続けてホスト名、リスナーのポート番号およびサービス名を記述します。

ローカルネーミングのように、接続情報をtnsnames.oraファイルに構成（記載）する必要はありません。

Oracleデータベースにおいて、クライアントからの接続を受け付けるためには、リスナーが必ず必要です。

正解：A

問題 8　重要度 ★★★

リモートアプリケーションからの接続は、必ず tnsnames.ora を参照させるようにしたい。使用するネーミングメソッドはどれですか。

- A. ローカルネーミング
- B. 簡易接続ネーミング
- C. 外部ネーミング
- D. グローバルネーミング

解説

Oracle Netでサポートしているネーミングメソッドには次のものがありますが、tnsnames.oraファイルを使用するネーミングメソッドは、ローカルネーミングです。

- 簡易接続ネーミング
- ローカルネーミング
- ディレクトリネーミング

正解：A

問題 9

重要度 ★★★

クライアントからの接続要求を受け付け、Oracle データベースに転送するデータベースサーバー側で起動しているプロセスを 1 つ選びなさい。

- A. サーバープロセス
- B. ユーザープロセス
- C. SMON
- D. PMON
- E. リスナー

解説

クライアントからの接続要求を受け付け、Oracle データベースに転送するプロセスをリスナーといいます。リスナーは、データベースサーバー側で起動している必要があります。

リスナーが起動していないと、Oracle データベースが起動していても、クライアントから Oracle データベースには接続できません。

正解：E

問題 10

重要度 ★★★

クライアントコンピュータから SQL Developer を使用して Oracle データベースに接続しようとしています。データベースサーバー上の SQL*Plus からは接続できるのに、クライアントの SQL Developer からは接続ができません。原因として適切なものを 1 つ選びなさい。

- A. Oracle データベースが停止している
- B. リスナープロセスが停止している
- C. クライアントからも SQL*Plus を使用する必要がある
- D. PMON プロセスが停止している
- E. サーバー側に SQL Developer をインストールする必要がある

解説

クライアントから Oracle データベースへネットワーク接続するためには、リスナープロセスに接続要求を受け付けてもらう必要があります。

データベースサーバー上の SQL*Plus からは接続できるといっていますので、Oracle データベースは停止していません（起動しています）。それにもかかわらずクライアントから接続できないのであれば、リスナーが停止していることが考えられます。

PMON プロセスは、データベース起動中に常に起動しているプロセスです。クライアントプロセ

練習問題編

スが異常終了したときにクリーンアップするプロセスなので、クライアントのSQL Developerから接続できないことと、PMONプロセスの停止は関係ありません。

また、クライアントのSQL Developerから接続するために、サーバー側にもSQL Developerをインストールする必要はありません。

正解：B

問題11　重要度 ★★★

リスナー制御ユーティリティでできることはどれですか（3つ選びなさい）。

- A. リスナーの起動
- B. リスナーの停止
- C. リスナーに登録されているサービスの参照
- D. リスナーの削除

解説

リスナー制御ユーティリティとは、lsnrctlのことです。

lsnrctlで実行可能なコマンドは、次のとおりhelpで確認することができます。

リスナーの起動（start）、停止（stop）およびリスナーに登録されているリスナーの参照（status）はできますが、リスナーの削除はできません。

正解：A、B、C

11 Oracle ネットワーク環境の構成

問題 12 重要度 ★★★

```
LSNRCTL> status
```

　このコマンドの結果について正しいものはどれですか（2つ選びなさい）。

- ☐ A. リスナーのアドレス
- ☐ B. リスナーに登録されているサービスのサマリー
- ☐ C. すべてのリスナーのステータス
- ☐ D. リスナーを介して接続したすべてのクライアント

解説

　次のように、status コマンドを実行することによって、リスナーのアドレスとリスナーに登録されているサービスのサマリーを確認することができます。リスナーを介して接続したすべてのクライアント情報を確認することはできません。

（※紙面の都合により ➡ で折り返しています）

```
LSNRCTL> status
(DESCRIPTION=(ADDRESS=(PROTOCOL=IPC)(KEY=EXTPROC1521)))に接続中
リスナーのステータス
------------------------
別名                         LISTENER
バージョン                    TNSLSNR for Linux: Version 12.1.0.1.0 - Production
開始日                        01-1月 -2015 15:23:35
稼働時間                      0 日 0 時間 3 分 55 秒
トレース・レベル               off
セキュリティ                  ON: Local OS Authentication
SNMP                         OFF
パラメータ・ファイル           /u01/app/oracle/product/12.1.0/dbhome_1/network/ ➡
admin/listener.ora
ログ・ファイル                /u01/app/oracle/diag/tnslsnr/sti01/listener/ ➡
alert/log.xml
                                                            ┌─────────────┐
                                                            │リスナーのアドレス│
リスニング・エンドポイントのサマリー...                       └─────────────┘
   (DESCRIPTION=(ADDRESS=(PROTOCOL=ipc)(KEY=EXTPROC1521)))
   (DESCRIPTION=(ADDRESS=(PROTOCOL=tcp)(HOST=sti01)(PORT=1521)))
   (DESCRIPTION=(ADDRESS=(PROTOCOL=tcp)(HOST=sti01)(PORT=5500)) ➡
(Presentation=HTTP)(Session=RAW))
サービスのサマリー...
サービス"em12rep"には、1件のインスタンスがあります。
　インスタンス"em12rep"、状態READYには、このサービスに対する1件のハンドラがあります...
サービス"em12repXDB"には、1件のインスタンスがあります。
```

11

145

練習問題編

> インスタンス"em12rep"、状態READYには、このサービスに対する1件のハンドラがあります...
> サービス"orcl"には、1件のインスタンスがあります。
> インスタンス"orcl"、状態READYには、このサービスに対する1件のハンドラがあります...
> サービス"orclXDB"には、1件のインスタンスがあります。
> インスタンス"orcl"、状態READYには、このサービスに対する1件のハンドラがあります...
> コマンドは正常に終了しました。

リスナーに登録されている
サービスのサマリー

また、lsnrctlはリスナーごとにコマンドを実行するため、すべてのリスナーのステータスを見ることはできません。

正解：A、B ☑☑☑

問題 13

重要度 ★★★

デフォルトリスナーを使用しています。クライアントから接続できないとの連絡があったため、lsnrctl コマンドを使用して、リスナーが稼働中か停止しているかを確認しようと思います。適切なものを3つ選びなさい。

☐ A. lsnrctl start
☐ B. lsnrctl services
☐ C. lsnrctl status
☐ D. lisnrctl status listener
☐ E. lsnrctl status 1521

解説

リスナーには名前があります。デフォルトでは、LISTENER という名前が付けられます。lsnrctl コマンドを使用するときには、リスナー名を指定します。ただし、デフォルトリスナー(LISTENER) は、名前を省略することができます。

lsnrctl コマンドのstatus オプションでリスナープロセスの状態を確認することができます。稼働中か停止しているかを確認するのであれば、services オプションでも確認ができます。

コマンド	確認できる内容
lsnrctl status [リスナー名]	リスナープロセスの状態
lsnrctl services [リスナー名]	リスナーが認識しているサービス

● lsnrctl status コマンド（リスナー名を指定）

```
$ lsnrctl status listener
```

146

11 Oracle ネットワーク環境の構成

- lsnrctl status コマンド（リスナー名を省略）

```
$ lsnrctl status
```

- lsnrctl services コマンド（リスナー名を省略）

```
$ lsnrctl services
```

いずれも次のような結果が表示されます。

```
LSNRCTL> status
(DESCRIPTION=(ADDRESS=(PROTOCOL=IPC)(KEY=EXTPROC1521)))に接続中
TNS-12541: TNS: リスナーがありません。
 TNS-12560: TNS: プロトコル・アダプタ・エラー
  TNS-00511: リスナーがありません。
   Linux Error: 2: No such file or directory
(DESCRIPTION=(ADDRESS=(PROTOCOL=TCP)(HOST=sti01)(PORT=1521)))に接続中
TNS-12541: TNS: リスナーがありません。
 TNS-12560: TNS: プロトコル・アダプタ・エラー
  TNS-00511: リスナーがありません。
   Linux Error: 111: Connection refused
```

正解：B、C、D ☑☑☑

問題 14

重要度 ★★★

LISTENER というデフォルトのリスナーを使ってインスタンスに接続しています。デフォルトリスナーを停止するとどうなりますか。

- A. すでに接続中のセッションは影響なし
- B. リスナーを起動するまでどの操作も実行できない
- C. ただちに中断する
- D. コミットしたデータをデータファイルに書込み後、中断する

解説

リスナーはクライアントからの接続要求を受け付け、サーバープロセスに渡します。その後のクライアントからは、直接サーバープロセスとやり取りを行います。よって、リスナーが停止しても、すでに接続中のセッションに影響はありません。操作ができなくなったり、強制的に中断されることはありません。また、リスナーとトランザクションには何の関係もありませんので、リスナーが停止されたからといって、コミットしたデータがデータファイルに書き込まれることはありません。

正解：A ☑☑☑

11

147

練習問題編

問題 15　　　　　　　　　　　　　　　　　　　　重要度 ★★★

リスナープロセスの構成情報が記述されているファイルを 1 つ選びなさい。

- ○ A. init.ora
- ○ B. sqlnet.ora
- ○ C. tnsnames.ora
- ○ D. listener.ora

解説

リスナープロセスの構成情報が記述されているファイルは、$ORACLE_HOME/network/adminに配置されるlistener.oraファイルです。

sqlnet.oraは、ネーミングメソッドの優先順位設定、ロギング機能とトレース機能の有効化などが含まれたプロファイル構成ファイルです。

tnsnames.oraは、ローカルネーミングメソッドの接続記述子にマップされるネットサービス名、またはリスナーのプロトコルアドレスにマップされるネットサービス名が含まれた構成ファイルです。

init.oraは、テキスト形式の初期化パラメータファイルです。

正解：D ☑☑☑

問題 16　　　　　　　　　　　　　　　　　　　　重要度 ★★★

listener.ora ファイルに含まれているものを 2 つ選びなさい。

- ☐ A. リスナーの名前
- ☐ B. クライアントの IP アドレス
- ☐ C. リスナーの自動起動時刻
- ☐ D. リスナーが接続要求を受け入れるポート番号

解説

listener.oraファイルには、次の図に示すようにリスナーの名前やリスナーが接続要求を受け入れるポート番号などが記載されます。

クライアントのIPアドレスやリスナーの自動起動時刻は、記載されていません。

148

11 Oracle ネットワーク環境の構成

正解：A、D

問題 17　重要度 ★★★

listener.ora ファイルを編集することができるツールを 3 つ選びなさい。

- A. SQL Developer
- B. EM Express
- C. EM Cloud Control
- D. netmgr
- E. netca

解説

listener.ora ファイルは、リスナープロセスの構成情報が記述されているテキストファイルで、デフォルトでは、$ORACLE_HOME/network/admin に配置されています。

テキストファイルなので、テキストエディタで編集できます。ただし、キーワードや記述方法を間違えるとリスナーを起動することができなくなってしまうため、EM Cloud Control（Enterprise Manager Cloud Control）、netmgr（Oracle Net Manager）、netca（Oracle Net Configuration Assistant）を使って編集するとよいでしょう。

EM Express（Enterprise Manager Database Express）では、listener.ora ファイルの編集はできませんので、間違えないようにしましょう。

正解：C、D、E

問題 18　重要度 ★★★

EM Cloud Control を使用してできることを 3 つ選びなさい。

- A. 接続中のクライアント一覧の表示
- B. リスナーの起動
- C. ホスト名の変更

149

練習問題編

☐ D. リスナーの停止
☐ E. listener.ora の編集

（解説）

EM Cloud Controlで行うことができる、リスナーの管理は次のとおりです。

● リスナーの起動および停止
● リスナーのトレース特性の変更
● リスナーのロギング特性の変更
● リスナーの制御ステータスレポートの表示

したがって選択肢BとDは正解です。

また、リスナーのトレースやロギングの特性はlistener.oraファイルに記載されていますので、選択肢Eは正解ですが、ホスト名を変更したり、接続しているクライアントを一覧表示することはできないため、選択肢AとCは不正解です。

正解：B、D、E ☑☑☑

問題19　　　　　　　　　　　　　　　　　　　　　　　　重要度 ★★★

EM Cloud Control を使用して編集できるファイルを 3 つ選びなさい。

☐ A. listener.ora
☐ B. init.ora
☐ C. tnsnames.ora
☐ D. spfile.ora
☐ E. sqlnet.ora

（解説）

EM Cloud Controlで編集できるネットワーク構成ファイルは次のとおりです。

● リスナー（listener.ora）：リスナーの構成および管理機能
● ローカル（tnsnames.ora）：ローカルネーミングメソッドを使用する際に必要なファイルの編集
● ネットワークプロファイル（sqlnet.ora）：Oracle Net Services機能のプリファレンスの構成

init.oraおよびspfile.oraはネットワーク構成ファイルではありません。

正解：A、C、E ☑☑☑

150

問題 20

重要度 ★★★

①について適切な呼び名を1つ選びなさい。

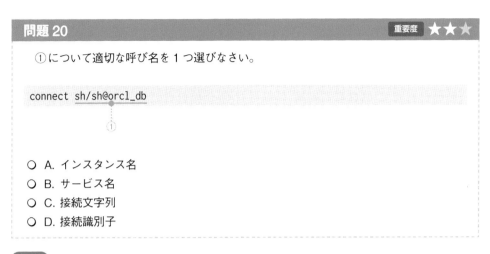

- A. インスタンス名
- B. サービス名
- C. 接続文字列
- D. 接続識別子

解説

クライアントから Oracle データベースに接続するには、「接続文字列」を指定します。「接続文字列」は、「ユーザー名」「パスワード」「接続識別子」で構成されています。

① ユーザー名
② パスワード
③ 接続識別子

サービス名は、データベースの識別名です。インスタンス名は、インスタンス（SGA とバックグラウンドプロセス）の識別名です。

正解：C

問題 21

重要度 ★★★

①について適切な呼び名を1つ選びなさい。

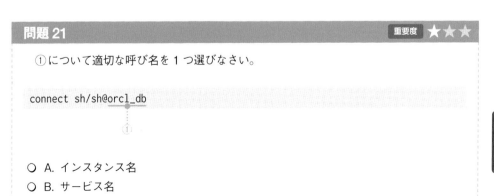

- A. インスタンス名
- B. サービス名

練習問題編

  ○ C. 接続文字列
  ○ D. 接続識別子

解説

　クライアントからOracleデータベースに接続するには、「接続文字列」を指定します。「接続文字列」は、前問のように「ユーザー名」「パスワード」「接続識別子」で構成されています。

　①を「接続識別子」といいます。接続識別子は、Oracleデータベースへの接続情報を表す接続記述子またはネットサービス名です。

　また、「接続識別子」に接続記述子を直接指定する方法を簡易接続ネーミングといい、ネットサービス名を指定する方法をローカルネーミングといいます。

正解：D ☑☑☑

問題22　重要度 ★★☆

　ローカルネーミングについて正しい説明を3つ選びなさい。

☐ A. tnsnames.ora ファイルに接続記述子を含める
☐ B. クライアントから Oracle データベースに接続する場合の一般的な方法である
☐ C. TCP/IP プロトコルのみをサポートする
☐ D. 接続識別子にネットサービス名を指定する

解説

　クライアントからOracleデータベースに接続するには、「接続文字列」を指定します。「接続文字列」は、「ユーザー名」「パスワード」「接続識別子」で構成されています。

　ローカルネーミングは、「接続識別子」に「ネットサービス名」を指定します。「ネットサービス名」とは、接続記述子に簡単な名前を付けたもので、tnsnames.oraファイルで指定します。

　ローカルネーミングは、Oracleデータベースへの接続時には簡単な名前であるネットサービス名を指定するだけなので、入力ミスも防げ、ユーザーにホスト名などを隠しておくことができるため、一般的に使用されている方法です。

　プロトコルはTCP/IP以外を指定することも可能です。

正解：A、B、D ☑☑☑

問題23　重要度 ★☆☆

　次の図を見て答えなさい。

11　Oracle ネットワーク環境の構成

```
     ①                          ②
orcl_db =

(DESCRIPTION =
  (ADDRESS = (PROTOCOL = TCP)(HOST = db.oracle.com)(PORT = 1521))
  (CONNECT_DATA = (SERVICE_NAME = orcl.jp.oracle.com))
)
```

　tnsnames.ora ファイルの記述について、①と②の説明として適切な組み合わせを 1 つ選びなさい。

- ○ A. ①接続文字列、②ネットサービス名
- ○ B. ①接続記述子、②ネットサービス名
- ○ C. ①ネットサービス名、②接続記述子
- ○ D. ①ネットサービス名、②接続文字列

解説

　接続記述子は、Oracle データベースへの接続情報です。ネットワークプロトコル、リスナーが起動しているサーバー（ホスト名）とリスナーが接続要求を受け入れるポート番号およびデータベースサービス名の指定が必要です。

　ネットサービス名は、接続記述子に付けた簡単な名前です。

　tnsnames.ora ファイルには、ネットサービス名と接続記述子の対応（マッピング）を記述します。

正解：C

問題 24　　　　　　　　　　　重要度 ★★★

　次の中から正しい説明をすべて選びなさい。

- ☐ A. ローカルネーミングは、ネットサービス名と接続記述子をマッピングした tnsnames.ora ファイルを使用する
- ☐ B. 外部ネーミングは、ネットサービス名とマッピングした接続記述子を、Oracle Internet Directory や Active Directory などの LDAP 準拠のディレクトリサーバーに格納する
- ☐ C. ディレクトリネーミングは、Oracle 以外のネーミングサービスにネットサービス名を格納する
- ☐ D. 簡易接続ネーミングは、接続識別子に接続記述子を直接指定する

11

153

> 解説

正解はA、Dです。
不正解の選択肢（B、C）については、正しくは次のとおりです。

- 外部ネーミングは、Oracle以外のネーミングサービスにネットサービス名を格納する
- ディレクトリネーミングは、ネットサービス名とマッピングした接続記述子を、Oracle Internet DirectoryやActive DirectoryなどのLDAP準拠のディレクトリサーバーに格納する

正解：A、D

問題25　重要度 ★★★

次の2つのリスナーが構成されています。

LISTENER01
LISTENER02

LISTENER01はすでに起動していますが、LISTENER02が停止しているため、次のコマンドを実行してLISTENER02を起動しようと思います。正しい説明を1つ選びなさい。

`lsnrctl start LISTENER02`

- A. LISTENER01が起動しているため、LISTENER02は起動エラーになる
- B. LISTENER01は自動的に停止され、LISTENER02は起動される
- C. LISTENER01には影響なく、LISTENER02は起動される
- D. LISTENER01を事前に停止してから、LISTENER02を起動するように警告メッセージが表示される

> 解説

同一のサーバー内で複数のリスナーを起動することができます。リスナーには一意の名前を付けて管理します。
lsnrctl start LISTENER02は、LISTENER02の起動を行うだけであり、ほかのリスナーに影響を与えることはありません。

正解：C

11 Oracle ネットワーク環境の構成

問題 26

重要度 ★★★

クライアントから Oracle データベースに接続する方法として、ローカルネーミングメソッドを使用しようと考えています。正しい説明を 1 つ選びなさい。

○ A. クライアントに、listener.ora ファイルを作成する
○ B. クライアントに、tnsnames.ora ファイルを作成する
○ C. クライアントに、sqlnet.ora ファイルを作成する
○ D. サーバーに、tnsnames.ora ファイルを作成する

解説

ローカルネーミングメソッドを使用する場合は、tnsnames.ora ファイルをクライアントコンピュータに配置します。

sqlnet.ora ファイルは、ネーミングメソッドの優先順位設定、ロギング機能とトレース機能の有効化などを記述したファイルです。クライアントコンピュータに配置してもしなくてもどちらでも構わないファイルです（配置しなければ省略値が適用されます）。sqlnet.ora だけが存在していても、ローカルネーミングメソッドを使用した接続はできません。

listener.ora ファイルは、サーバー側に配置するファイルです。また、サーバー側に tnsnames.ora ファイルを配置しても構いませんが、クライアント側に tnsnames.ora ファイルが存在しなければ、ローカルネーミングメソッドを使用した接続はできません。

正解：B ☑ ☑ ☑

問題 27

重要度 ★★★

リスナーを起動する方法として適切なものを 2 つ選びなさい。

□ A. lsnrctl restartall コマンドを使用してリスナーを起動する
□ B. Oracle Enterprise Manager Cloud Control からリスナーを起動する
□ C. lsnrctl start コマンドを使用してリスナーを起動する
□ D. lsnrctl services コマンドを使用してリスナーを起動する
□ E. Oracle Enterprise Manager Database Express からリスナーを起動する

解説

リスナーを手動で起動する方法には、次の 2 つがあります。

● Oracle Enterprise Manager Cloud Control からリスナーを起動する……B
● lsnrctl start [リスナー名] コマンドを使用してリスナーを起動する……C

11

155

練習問題編

「lsnrctl services」（D）は、リスナーが認識しているサービスを確認するコマンドです。なお、lsnrctl コマンドに、A の記述にある restartall オプションはありません。Oracle Enterprise Manager Database Express（E）では、リスナーの起動はできません。

したがって正解は B、C です。

正解：B、C ☑☑☑

問題 28　重要度 ★★★

tsnames.ora ファイルを編集することができるツールはどれですか。3つ選びなさい。

- ☐ A. EM Cloud Control
- ☐ B. Net Manager
- ☐ C. DBCA
- ☐ D. テキストエディタ
- ☐ E. EM Express

解説

tnsnames.ora ファイルは、ネットサービス名と接続記述子をマッピングした情報が記述されているテキストファイルです。デフォルトでは、$ORACLE_HOME/network/admin に配置されています。

テキストファイルなので、テキストエディタで編集できます。ただし、キーワードや記述方法を間違えるとリスナーを起動することができなくなってしまうため、EM Cloud Control（Enterprise Manager Cloud Control）、netmgr（Oracle Net Manager）、netca（Oracle Net Configuration Assistant）を使って編集するとよいでしょう。

EM Express（Enterprise Manager Database Express）では、tnsnames.ora ファイルの編集はできませんので、間違えないようにしましょう。

DBCA（Database Configuration Assistant）はデータベースを作成するツールです。tnsnames.ora の編集はできません。

したがって、正解は A、B、D です。

正解：A、B、D ☑☑☑

問題 29　重要度 ★★★

Oracle データベースのメンテナンスを急遽行うことになりました。その間、クライアントから接続できないように、リスナーを停止する必要があります。リスナーを停止する方法として適切なものをすべて選びなさい。

- ☐ A. Net Manager を使用してリスナーを停止する

156

11　Oracle ネットワーク環境の構成

- ☐ B. Oracle Enterprise Manager Cloud Control からリスナーを停止する
- ☐ C. lsnrctl stop コマンドを使用してリスナーを停止する
- ☐ D. lsnrctl services コマンドを使用してリスナーを停止する
- ☐ E. Oracle Enterprise Manager Database Express からリスナーを停止する

解説

Oracle データベースが起動していても、リスナーが停止しているとクライアントからは接続できません。一方、Oracle データベースが稼働しているコンピュータからはリスナーを経由せずに接続できるため、リスナーを停止しても Oracle データベースのメンテナンスは可能です。

リスナーを停止する方法には、次の 2 つがあります。

- Oracle Enterprise Manager Cloud Control からリスナーを停止する……B
- lsnrctl stop コマンドを使用してリスナーを停止する……C

「lsnrctl services」は、リスナーが認識しているサービスを確認するコマンドです（選択肢 D は不正解）。また、Net Manager は Net 構成ファイル（sqlnet.ora、listener.ora、tnsnames.ora）を作成／編集するツールであり、リスナーの起動／停止はできません（選択肢 A は不正解）。

Oracle Enterprise Manager Database Express からリスナーを停止することはできません（選択肢 E は不正解）。

正解：B、C ☑ ☑ ☑

問題 30　　　　重要度 ★★★

デフォルトリスナーについて、正しい説明をすべて選びなさい。

- ☐ A. ポート番号は 1521 である
- ☐ B. 名前は LISTENER だが、ほかの名前を設定することも可能である
- ☐ C. lsnrctl コマンドでリスナー名を省略すると、デフォルトリスナーを指定したものと認識される
- ☐ D. listener.ora ファイルが存在しなくても認識される

解説

デフォルトリスナーの仕様は次のとおりです。

- ポート番号：1521（A は正解）
- プロトコル：TCP/IP
- リスナー名：LISTENER
- 複数のサービス（データベース）への接続を受け付けることが可能

11

練習問題編

このように仕様が決まっているので、listener.oraファイルが存在していなくてもデフォルトリスナーが認識されます（C、Dは正解）。

したがって正解はA、C、Dです。

なお、1521以外のポート番号やLISTENER以外のリスナー名を使用する場合は、デフォルト以外のリスナーをlistener.oraファイルで構成する必要があります。したがってBは不正解です。

正解：A、C、D ☑☑☑

索引

A

ACCOUNT LOCK 66
ADDM 78, 85, 88, 91
ADR 105
ALTER オブジェクト権限 74
AMM 85
ANY TABLE システム権限 73
ARCHIVELOG モード 101, 102, 103
ARCn 83, 110
ASM 85
ASMM 85
AUTHENTICATEDUSER 16
AUTOEXTEND ON 41
AVAILABLE 112, 113
AWR 82
AWR スナップショット 78, 82

B

B* ツリー 30
bigfile 表領域 40
BLOB 型 27

C

CASCADE CONSTRAINTS 18
CHAR 型 22, 27
CHECK 制約 20, 23
CKPT 107
CLOB 型 27
CONTROL_FILES 36
coraenv 125, 133
CREATE 25
CREATE SESSION システム権限 74

D

Data Pump 32
Database Configuration Assistant
.... 8, 13, 128, 135
Database Upgrade Assistant 8, 135, 136
DB_CREATE_FILE_DEST パラメータ 100

DB_RECOVERY_FILE_DEST_SIZE パラメータ
.... 100
DB_RECOVERY_FILE_DEST パラメータ 100
DBA ナビゲータ 14
DBA ロール 75
DBCA 126, 128, 129, 135
dbhome 125, 133
DBMS_SPACE_ADMIN パッケージ 43
DBMS_XDB_CONFIG_SETHTTPSPORT プロ
シージャ 11
DBUA 135, 136
DEFAULT TABLESPACE 67
DELETE 21
DESCRIBE コマンド 29
DESC コマンド 29
DISPATCHERS パラメータ 12, 128, 129
DROP 21

E

EM Cloud Control 150
EM Express 9, 10, 12, 53, 54
EM_EXPRESS_ALL 16
EM_EXPRESS_BASIC 16
Enterprise Manager 53, 54, 135
Enterprise Manager Cloud Control
.... 8, 12, 13, 15
Enterprise Manager Database Express 7, 8
EXECUTE オブジェクト権限 74
EXPIRED 113, 114

F

FAILED_LOGIN_ATTEMPTS パラメータ 69
Flashback Database ログ 34
FLASHBACK TABLE コマンド 119
Flash プラグイン 12
FOREIGN KEY 制約 19, 20, 21

G

GRANT コマンド 66

159

H

HOST コマンド 15

I

init.ora ファイル 11, 148
INSERT オブジェクト権限 74

L

LD_LIBRARY_PATH 環境変数 124, 125
LGWR 37, 110
listener.ora ファイル
.... 13, 146, 148, 149, 150, 155
LIST コマンド 29
LOG_ARCHIVE_CONFIG パラメータ 100
LOG_ARCHIVE_DEST パラメータ 100
lsnrctl 13, 144
lsnrctl services コマンド 146
lsnrctl start コマンド 155
lsnrctl status コマンド 146

M

MEMORY_MAX_TARGET パラメータ 79
MEMORY_TARGET パラメータ 62, 63, 79
MMON 83, 107
MOUNT 状態...................................... 36, 56, 57
MTTR アドバイザ 93

N

Net Assistant 15
Net Configuration Assistant 13, 140
Net Manager 13, 15, 135, 140
netca 140
netmgr... 140
NOARCHIVELOG モード............. 101, 102, 103
NOMOUNT 状態 36, 56, 57
NOT NULL 制約 20, 23, 25, 26
NULL... 18
NUMBER 型..23, 27

O

OEM_MONITOR... 16
OFA.. 120
Optimal Flexible Architecture....................... 120
Oracle Net.. 137, 138
Oracle Secure Backup.................................... 8

Oracle Universal Installer........................ 7, 121
ORACLE_BASE 環境変数.................... 120, 124
ORACLE_HOME 環境変数........... 121, 124, 125
ORACLE_SID 環境変数 124, 125
Oracle ソフトウェア使用領域 122
oraenv 125, 133
orainstRoot.sh... 133
OUI.. 121, 122, 123

P

PASSWORD EXPIRE 67
PASSWORD_GRACE_TIME パラメータ 69
PASSWORD_LIFE_TIME パラメータ 69
PASSWORD_LOCK_TIME パラメータ 70
PASSWORD_REUSE_MAX パラメータ 70
PASSWORD_REUSE_TIME パラメータ 70
PGA 62, 63, 79
PGA_AGGREGATE_TARGET パラメータ
.... 63, 80
PGA アドバイザ 87, 89, 93
PMON 83, 107, 110
Point-in-Time リカバリ 116
PRIMARY KEY 制約 17, 20, 21
PURGE オプション 19

Q

QUOTA... 67

R

RAC 59, 127
RECYCLEBIN... 33
REDO データ 45, 46
REDO ロググループ 37
REDO ログバッファ 37
REDO ログファイル 34, 37, 56, 101, 103
RESOURCE.. 16
RMAN 104, 106, 112, 113
RMAN リポジトリ 112, 113, 114
root.sh... 133

S

SELECT ANY TABLE 権限............................. 73
SELECT_CATALOG_ROLE............................. 16
SELECT オブジェクト権限............................ 76
SGA 56, 58, 62, 63, 79

索引

SGA_MAX_SIZE パラメータ 81
SGA アドバイザ 87, 89, 93
SHARED_POOL_SIZE 79
SHOW コマンド 29
shutdown abort 60, 103
shutdown immediate 60
shutdown normal.................................... 60
shutdown transactional............................ 60
smallfile 表領域 40, 41
SMON 83, 107, 110
SQL.. 4
SQL Developer 7, 13, 14, 28
SQL*Loader............................... 31, 32
SQL*Plus.. 7, 14, 77
sqlnet.ora ファイル 148, 150, 155
sqlplus /nolog コマンド............................ 77
SQL アクセスアドバイザ 89, 93, 94
SQL チューニングアドバイザ
................................92, 93, 94, 95, 96
SQL 文障害 109
SQL ワークロード 89
status コマンド 145
SYSBACKUP 権限 104
SYSDBA 権限 57, 75, 104
SYSOPER 権限 57
SYS ユーザー...................................... 75

T

TABLESPACE_MIGRATE_FROM_LOCAL プロ
シージャ 43
TABLESPACE_MIGRATE_TO_LOCAL プロシー
ジャ 43
TEMPORARY TABLESPACE........................67
TIMESTAMP 型.......................................27
tnsnames.ora ファイル
.... 11, 148, 150, 153, 155, 156
TO BEFORE DROP コマンド........................119
TRUNCATE 22

U

UNAVAILABLE.............................. 112, 113
UNDO_RETENTION パラメータ 52
UNDO アドバイザ 44, 93
UNDO データ.................... 45, 46, 47, 114
UNDO 表領域............... 44, 49, 51, 119

UNDO 保存 52
UNIQUE 制約 20, 21, 23
UPDATE ANY TABLE 権限 73

V

VARCHAR2 型 22, 27
VIEW 26

W

WITH GRANT OPTION 73

あ

アーカイブ 105
アーカイブ REDO ログファイル 106, 118
アカウントロック 66
アップグレード................................ 135, 136
アラート 77, 88

い

一意制約 23
一時表領域 43, 68
一時領域 122
一貫性バックアップ 107
インスタンス.. 58
～の起動 56, 60, 61
～の停止 60
インスタンス障害 109, 111
インストール
～の前提条件 122
～の手順 131
インデックス...3

え

永続表領域 42, 43
エクステント.................................. 42, 43

お

オープンバックアップ................................ 103
オブジェクト..5
オブジェクト権限 73, 75

か

外部キー 6
外部キー制約....................................... 19
外部ネーミング.................................. 154

161

索引

仮想表 26, 30
簡易接続ネーミング 141, 142, 153
環境変数 123
完全リカバリ 115, 116
関連付け 3

き

行 2
共有プールアドバイザ 93

こ

高速リカバリ領域 100, 117, 118

さ

サーバーパラメータファイル 57, 61, 106
索引 3, 24, 29, 30
差分 99

し

シードテンプレート 130, 134
自動 PGA メモリー管理 62, 87
自動 SQL チューニングアドバイザ 90, 91, 96
自動拡張
　UNDO 表領域の～ 50
自動共有メモリー管理 62, 85, 87, 89
自動診断リポジトリ 105
自動ストレージ管理機能 85
自動チューニング 49, 50
自動チューニングオプティマイザ 92
自動メモリー管理 62, 85, 86, 89
自動ワークロードリポジトリ
　........................... 82, 83, 84, 88, 91
主キー 6
主キー制約 17
障害の種類 109
初期化パラメータファイル 36, 55, 57, 60, 61

す

スナップショット 82, 83, 84
スナップショットが古すぎるエラー 53
スワップ領域 122

せ

制御ファイル 32, 35, 56
静的パラメータ 81

そ

セグメント 42
　～の分析 39
セグメントアドバイザ 38, 40, 50, 93
接続
　データベースへの～ 140, 143
接続記述子 153
接続識別子 151, 152
接続文字列 151, 152
全体バックアップ 99

そ

増分バックアップ 99

た

対話モード 14

て

ディクショナリ管理 43
ディレクトリネーミング 141, 142, 154
データ検索 4
データ制御言語 4
データ操作言語 4
データ損失からの保護 46
データ定義言語 4
データファイル 32, 56
データブロック 42
データベース用使用領域 122
データリカバリアドバイザ 93, 104, 105
テーブル 3
デフォルト表領域 68
デフォルトプロファイル 70
デフォルトリスナー 146, 157
テンプレート 127, 129, 134

と

動的パラメータ 80
トランザクション制御 4
トリガー 5

ね

ネーミングメソッド 140

は

パスワード管理 126
パスワードポリシー 69

バックアップ 111, 112, 113
　〜のタイプ 99
バックグラウンドプロセス 56, 58
パッチ 134
バッチモード 14
パッチリリース 135
バッファキャッシュアドバイザ 89, 93

ひ

非一貫性バックアップ 108, 111
非シードテンプレート 130
ビュー 3, 26, 30, 77
表 3
　〜のコピー 25
　〜の削除 44
表領域 43

ふ

フィールド 2
不完全リカバリ 115, 116
物理メモリー 122
フラッシュバック 45
フラッシュバック機能 19, 47, 48, 116
フラッシュバックデータベース 117
フラッシュバック問合せ 116
フラッシュバックトランザクション問合せ 117
フラッシュバックドロップ 19, 33, 117
フラッシュバックバージョン問合せ 117
フラッシュバック表 117
フラッシュバック表機能 119
プロシージャ 5
プロファイル 69, 77

へ

変更履歴 34

ほ

ポートの検索 11

ま

マテリアライズドビュー 94

め

命名ルール
　ユーザー名の〜 68

メディア障害 109, 111
メディアリカバリ 116
メモリーアドバイザ 92, 93
メモリーチューニング 79

ゆ

ユーザー
　〜の削除 65, 71, 72
　〜の作成 65
ユーザーエラー 109
ユーザープロセス障害 109, 111
ユーザープロファイル 69

よ

読取り一貫性 45, 46, 47, 48
　〜エラー 48, 50

り

リカバリ 106, 114, 115
リカバリセッション 56
リカバリ手順 99
リストア 105
リスナー 139, 143, 155
　〜の停止 157
リスナー制御ユーティリティ 144
リスナープロセスの構成情報 148
リレーショナルデータベース 1
リレーション 5

る

累積 99

れ

列 2
　〜の削除 22

ろ

ローカル管理 43
ローカルネーミング 141, 142, 152, 153, 155
ロード 106
ロール 77
ロールバック 45
ロールバックデータ 47
ロールバックフェーズ 115
ロールフォワードフェーズ 115

163

著者プロフィール

林 優子 (はやし ゆうこ)

株式会社システム・テクノロジー・アイ取締役副社長 兼 執行役員 技術本部長。日本オラクル株式会社の教育ビジネスのスタートアップを全面的に支援し、バージョン5の頃から Oracle に携わるベテラン講師として知る人も多い。Oracle 認定講師を表彰する Excellent Instructor を連続受賞。1ランク上の IT スペシャリスト育成を目標に、データベース分野にとどまらず「プレゼンテーション」、「ロジカルシンキング」などのトレーニングも手がけている。著書に『オラクルマスター教科書』シリーズ（翔泳社）、『プロとしてのデータモデリング入門』（ソフトバンククリエイティブ）など。その他、雑誌執筆、著書・メディア出演も多数。

本書の制作協力者

野口 静江（株式会社 システム・テクノロジー・アイ）

装　　　丁	坂井 正規（志岐デザイン事務所）
編集・DTP	株式会社 トップスタジオ

［ワイド版］オラクルマスター教科書

ブロンズ　オラクル　データ　ベース　ディービーエー　トゥエルブシー
Bronze Oracle Database DBA 12c　練習問題編

2016年 1 月 1 日　初版 第 1 刷発行（オンデマンド印刷版 ver.1.0）

著　　　者	株式会社 システム・テクノロジー・アイ 林 優子
発 行 人	佐々木 幹夫
発 行 所	株式会社 翔泳社（http://www.shoeisha.co.jp）
印刷・製本	大日本印刷株式会社

©2015 System Technology-i Co., Ltd.

本書は著作権法上の保護を受けています。本書の一部または全部について（ソフトウェアおよびプログラムを含む）、株式会社 翔泳社から文書による許諾を得ずに、いかなる方法においても無断で複写、複製することは禁じられています。

本書は『オラクルマスター教科書 Bronze Oracle Database DBA12c』（ISBN978-4-7981-3693-6）を底本として、その一部を抜出し作成しました。記載内容は底本発行時のものです。底本再現のためオンデマンド版としては不要な情報を含んでいる場合があります。また、底本とは異なる表記・表現の場合があります。予めご了承ください。

本書内容へのお問い合わせについては、ii ページの記載内容をお読みください。

乱丁・落丁はお取り替えいたします。03-5362-3705 までご連絡ください。

ISBN978-4-7981-4596-9　　　　　　　　　　　　　　Printed in Japan